2025 교육청 · 대학부설 영재교육원 **완벽 대비**

영재성검사
창의적
문제해결력
모의고사

초등
3~4
학년

시대에듀

영재성검사
창의적
문제해결력
모의고사

안쌤
영재교육연구소

창의성이란 무엇인가?

오늘날 세상이 필요로 하는 인재를 논할 때 빠지지 않는 것이 '창의성이 뛰어난 사람'이다. 우리는 창의성이라는 단어를 쉽게 사용하고 있지만 창의성이 무엇인지, 어떤 요소들을 창의성이라 평가하는지에 대해 잘 알고 있지 못하다. 창의성을 강요당하는 학생들은 목적지도 모른 채 무작정 걷기만 하는 것과 다를 바 없지 않을까? 많은 학생들을 지도하다 보면 뛰어난 능력이나 잠재력을 가지고 있음에도 불구하고, 경험이 부족하거나 표현하는 방법을 알지 못해 정확한 평가를 받지 못하는 학생을 종종 만날 수 있다. 또한, 창의성은 타고나는 것으로 자신과는 거리가 멀다 생각하고 미리 포기하는 학생들도 있다. 따라서 학생들이 이 교재를 통해 문제를 해결하는 다양한 아이디어를 찾아내는 것이 남들과 다른 자신만의 창의성을 표현하는 방법이 된다는 사실을 알았으면 한다.

영재교육원 선발에서 중요하게 평가되는 요소는 영재성과 창의성이다. 최근 영재교육원 지원자 수가 증가함에 따라 짧은 시간의 면접만으로 학생들의 영재성과 창의성을 정확하게 판별하는 것이 쉽지 않아졌다. 이 때문에 다시 영재성검사, 창의적 문제해결력 평가와 같은 지필시험을 통해 영재교육 대상자를 선발하는 교육기관의 수가 점점 늘고 있다. 다년간의 영재성·창의성 강의의 노하우를 담은 「영재성검사 창의적 문제해결력 모의고사」 교재로의 학습은 영재교육원 지필시험에 대비하는 가장 효과적인 방법이 될 것이다.

영재성과 창의성을 태어날 때부터 가지고 태어나는 학생들도 있다. 하지만 연습과 노력을 통해 그 능력을 향상시킬 수 있으며, 실제로 매년 그 결과를 확인하고 있다. 여러분도 그 주인공이 될 수 있다. 이 책을 보기 전에 미리 이 책의 마지막 장을 덮은 자신의 모습을 상상해 보자. 영재교육원 지필시험 정도는 전혀 두려워하지 않고, 지금보다 훨씬 자신감이 넘치며 뛰어난 영재성과 창의성을 가진 자신의 모습일 것이다. 상상만으로 벌써 미소가 지어지지 않는가?

그렇다면 이제 이 책을 시작할 시간이다.

안쌤 영재교육연구소 융합수학컨텐츠 개발 팀장 **이 상 호** (수달쌤)

영재교육원에 대해 궁금해 하는 Q&A

No.1 안쌤이 생각하는 대학부설 영재교육원과 교육청 영재교육원의 차이점

Q 어느 영재교육원이 더 좋나요?

A 대학부설 영재교육원이 대부분 더 좋다고 할 수 있습니다. 대학부설 영재교육원은 교수님의 주관으로 진행되고, 교육청 영재교육원은 영재 담당 선생님이 진행합니다. 교육청 영재교육원은 기본 과정, 대학부설 영재교육원은 심화 과정과 사사 과정을 담당합니다.

Q 어느 영재교육원이 들어가기 어렵나요?

A 대학부설 영재교육원이 합격하기 더 어렵습니다. 보통 대학부설 영재교육원은 9~11월, 교육청 영재교육원은 11~12월에 선발합니다. 먼저 선발하는 대학부설 영재교육원에 대부분의 학생들이 지원하고 상대평가로 합격이 결정되므로 경쟁률이 높고 합격하기 어렵습니다.

Q 선발 방법은 어떻게 다른가요?

A

대학부설 영재교육원은 대학마다 다양한 유형으로 진행이 됩니다.	교육청 영재교육원은 지역마다 다양한 유형으로 진행이 됩니다.
1단계 서류 전형으로 자기소개서, 영재성 입증자료 **2단계** 지필평가 　　　(창의적 문제해결력 평가(검사), 영재성판별검사, 　　　창의력검사 등) **3단계** 심층면접(캠프전형, 토론면접 등) ※ 지원하고자 하는 대학부설 영재교육원 모집요강을 꼭 확인해 주세요.	GED 지원단계 자기보고서 포함 여부 **1단계** 지필평가 　　　(창의적 문제해결력 평가(검사), 영재성검사 등) **2단계** 면접(심층면접, 토론면접 등) ※ 지원하고자 하는 교육청 영재교육원 모집요강을 꼭 확인해 주세요.

No.2 교재 선택의 기준

Q 현재 4학년이면 어떤 교재를 봐야 하나요?

A 교육청 영재교육원은 선행 문제를 낼 수 없기 때문에 현재 학년에 맞는 교재를 선택하시면 됩니다.

Q 현재 6학년인데, 중등 영재교육원에 지원합니다. 중등 선행을 해야 하나요?

A 현재 6학년이면 6학년과 관련된 문제가 출제됩니다. 중등 영재교육원이라 하는 이유는 올해 합격하면 내년에 중학교 1학년이 되어 영재교육원을 다니기 때문입니다.

Q 대학부설 영재교육원은 수준이 다른가요?

A 대학부설 영재교육원은 대학마다 다르지만 1~2개 학년을 더 공부하는 것이 유리합니다.

No.3 지필평가 유형 안내

Q 영재성검사와 창의적 문제해결력 검사는 어떻게 다른가요?

A 과거

영재성 검사		학문적성 검사		창의적 문제해결력 검사
언어 창의성 수학 창의성 수학 사고력 과학 창의성 과학 사고력	**+**	수학 사고력 과학 사고력 창의 사고력	**=**	수학 창의성 수학 사고력 과학 창의성 과학 사고력 융합 사고력

현재

영재성 검사	창의적 문제해결력 검사
일반 창의성 수학 창의성 수학 사고력 과학 창의성 과학 사고력	수학 창의성 수학 사고력 과학 창의성 과학 사고력 융합 사고력

지역마다 실시하는 시험이 다릅니다.
서울: 창의적 문제해결력 검사
부산: 창의적 문제해결력 검사(영재성검사＋학문적성검사)
대구: 창의적 문제해결력 검사
대전＋경남＋울산: 영재성검사, 창의적 문제해결력 검사

No.4 영재교육원 대비 파이널 공부 방법

Step1 자기인식

자가 채점으로 현재 자신의 실력을 확인해 주세요. 남은 기간 동안 효율적으로 준비하기 위해서는 현재 자신의 실력을 확인해야 합니다. 기간이 많이 남지 않았다면 빨리 지필평가에 맞는 교재를 준비해 주세요.

Step2 답안 작성 연습

지필평가 대비로 가장 중요한 부분은 답안 작성 연습입니다. 모든 문제가 서술형이라서 아무리 많이 알고 있고, 답을 알더라도 답안을 제대로 작성하지 않으면 점수를 잘 받을 수 없습니다. 꼭 답안 쓰는 연습을 해 주세요. 자가 채점이 많은 도움이 됩니다.

안쌤이 생각하는
자기주도형 학습법

변화하는 교육정책에 흔들리지 않는 것이 자기주도형 학습법이 아닐까?
입시 제도가 변해도 제대로 된 학습을 한다면 자신의 꿈을 이루는 데 걸림돌이 되지 않는다!

독서 ▶ 동기 부여 ▶ 공부 스타일로
공부하기 위한 기본적인 환경을 만들어야 한다.

1단계   독서

'빈익빈 부익부'라는 말은 지식에도 적용된다. 기본적인 정보가 부족하면 새로운 정보도 의미가 없지만, 기본적인 정보가 많으면 새로운 정보를 의미 있는 정보로 만들 수 있고, 기본적인 정보와 연결해 추가적인 정보(응용·창의)까지 쌓을 수 있다. 그렇기 때문에 먼저 기본적인 지식을 쌓지 않으면 아무리 열심히 공부해도 수학·과학 과목에서 높은 점수를 받기 어렵다. 기본적인 지식을 많이 쌓는 방법으로는 독서와 다양한 경험이 있다. 그래서 입시에서 독서 이력과 창의적 체험활동(www.neis.go.kr)을 보는 것이다.

2단계   동기 부여

인간은 본인의 의지로 선택한 일에 책임감이 더 강해지므로 스스로 적성을 찾고 장래를 선택하는 것이 가장 좋다. 스스로 적성을 찾는 방법은 여러 종류의 책을 읽어서 자기가 좋아하는 관심 분야를 찾는 것이다. 자기가 원하는 분야에 관심을 갖고 기본 지식을 쌓다 보면, 쌓인 기본 지식이 학습과 연관되면서 공부에 흥미가 생겨 점차 꿈을 이루어 나갈 수 있다. 꿈과 미래가 없이 막연하게 공부만 하면 두뇌의 반응이 약해진다. 그래서 시험 때까지만 기억하면 그만이라고 생각하는 단순 정보는 시험이 끝나는 순간 잊어버린다. 반면 중요하다고 여긴 정보는 두뇌를 강하게 자극해 오래 기억된다. 살아가는 데 꿈을 통한 동기 부여는 학습법 자체보다 더 중요하다고 할 수 있다.

3단계   공부 스타일

공부하는 스타일은 학생마다 다르다. 예를 들면, '익숙한 것을 먼저 하고 익숙하지 않은 것을 나중에 하기', '쉬운 것을 먼저 하고 어려운 것을 나중에 하기', '좋아하는 것을 먼저 하고, 싫어하는 것을 나중에 하기' 등 다양한 방법으로 공부를 하다 보면 자신에게 맞는 공부 스타일을 찾을 수 있다. 자신만의 방법으로 공부를 하면 성취감을 느끼기 쉽고, 어떤 일이든지 자신 있게 해낼 수 있다.

어느 정도 기본적인 환경을 만들었다면

이해 - 기억 - 복습의 자기주도형 3단계 학습법으로

창의적 문제해결력을 키우자.

1단계 이해

단원의 전체 내용을 쭉 읽어본 뒤, 개념 확인 문제를 풀면서 중요 개념을 확인해 전체적인 흐름을 잡고 내용 간의 연계(마인드맵 활용)를 만들어 전체적인 내용을 이해한다.
개념을 오래 고민하고 깊이 이해하려고 하는 습관은 스스로에게 질문하는 것에서 시작된다.
[이게 무슨 뜻일까? / 이건 왜 이렇게 될까? / 이 둘은 뭐가 다르고, 뭐가 같을까? / 왜 그럴까?]
막히는 문제가 있으면 먼저 머릿속으로 생각하고, 끝까지 이해가 안 되면 답지를 보고 해결한다. 그래도 모르겠으면 여러 방면(관련 도서, 인터넷 검색 등)으로 이해될 때까지 찾아보고, 그럼에도 이해가 안 된다면 선생님께 여쭤 보라. 이런 과정을 통해서 스스로 문제를 해결하는 능력이 키워진다.

2단계 기억

암기해야 하는 부분은 의미 관계를 중심으로 분류해 전체 내용을 조직한 후 자신의 성격이나 환경에 맞는 방법, 즉 자신만의 공부 스타일로 공부한다. 이때 노력과 반복이 아닌 흥미와 관심으로 시작하는 것이 중요하다. 그러나 흥미와 관심만으로는 힘들 수 있기 때문에 단원과 관련된 수학·과학 개념이 사회 현상이나 기술을 설명하기 위해 어떻게 활용되고 있는지를 알아보면서 자연스럽게 다가가는 것이 좋다.
그리고 개념 이해를 요구하는 단원은 기억 단계를 필요로 하지 않기 때문에 이해 단계에서 바로 복습 단계로 넘어가면 된다.

3단계 복습

복습은 여러 유형의 문제를 풀어 보는 것이므로, 이렇게 할 때 교과서에 나온 개념과 원리를 제대로 이해할 수 있을 것이다. 기본 교재(내신 교재)의 문제와 심화 교재(창의사고력 교재)의 문제를 풀면서 문제해결력과 창의성을 키우는 연습을 한다면 시험에서 좋은 점수를 받을 수 있을 것이다.

마지막으로 과목에 대한 흥미를 바탕으로 정서적으로 안정적인 상태에서 낙관적인 태도로 자신감 있게 공부하는 것이 가장 중요하다.

안쌤 영재교육연구소 대표 **안 재 범**

안쌤이 생각하는
영재교육원 대비 전략

1. 학교 생활 관리: 담임교사 추천, 학교장 추천을 받기 위한 기본적인 관리
- 교내 각종 대회 대비 및 창의적 체험활동(www.neis.go.kr) 관리
- 독서 이력 관리: 교육부 독서교육종합지원시스템 운영

2. 흥미 유발과 사고력 향상: 학습에 대한 흥미와 관심을 유발
- 퍼즐 형태의 문제로 흥미와 관심 유발
- 문제를 해결하는 과정에서 집중력과 두뇌 회전력, 사고력 향상

▲ 안쌤의 사고력 수학 퍼즐 시리즈 (총 14종)

3. 교과 선행: 학생의 학습 속도에 맞춰 진행
- '교과 개념 교재 ➡ 심화 교재'의 순서로 진행
- 현행에 머물러 있는 것보다 학생의 학습 속도에 맞는 선행 추천

4. 수학, 과학 과목별 학습
- 수학, 과학의 개념을 이해할 수 있는 문제해결

▲ 안쌤의 STEAM + 창의사고력
수학 100제 시리즈
(초등 1, 2, 3, 4, 5, 6학년)

▲ 안쌤의 STEAM + 창의사고력
과학 100제 시리즈
(초등 1, 2, 3, 4, 5, 6학년)

5. 융합사고력 향상

- 융합사고력을 향상시킬 수 있는 문제해결로 구성

◀ 안쌤의 수·과학 융합 특강

6. 지원 가능한 영재교육원 모집 요강 확인

- 지원 가능한 영재교육원 모집 요강을 확인하고 지원 분야와 전형 일정 확인
- 지역마다 학년별 지원 분야가 다를 수 있음

7. 지필평가 대비

- 평가 유형에 맞는 교재 선택과 서술형 답안 작성 연습 필수

◀ 영재성검사 창의적 문제해결력
모의고사 시리즈
(초등 3~4, 5~6, 중등 1~2학년)

◀ SW 정보영재 영재성검사
창의적 문제해결력 모의고사 시리즈
(초등 3~4, 초등 5~중등 1학년)

8. 탐구보고서 대비

- 탐구보고서 제출 영재교육원 대비

◀ 안쌤의 신박한 과학 탐구보고서

9. 면접 기출문제로 연습 필수

- 면접 기출문제와 예상문제에 자신
만의 답변을 글로 정리하고, 말로
표현하는 연습 필수

◀ 안쌤과 함께하는 영재교육원 면접 특강

이 책의 구성과 특징

문제편

창의적 문제해결력 모의고사 4회분

초등 5~6학년 수학·과학 개념을 기반으로 영재교육원 영재성검사, 창의적 문제해결력 평가 최신 출제 경향을 반영하여 창의성, 수학·과학 사고력, 융합 사고력 평가문제로 구성된 창의적 문제해결력 모의고사 4회분을 수록했어요. 모의고사를 통해 영재교육원 창의적 문제해결력 평가의 실전 감각을 익힐 수 있어요.

영재교육원 최신 기출문제

다년간의 교육청·대학부설 영재교육원 영재성검사, 창의적 문제해결력 평가 최신 기출문제를 수록했어요. 이를 통해 영재교육원 선발시험의 문제 유형과 내용, 변화의 흐름을 예측할 수 있어요.

또한, 최신 기출문제 해설 강의를 안쌤 영재교육연구소 유튜브 채널에서 제공하고 있어요.

최신 기출문제 복원에는 '행복한 영재들의 놀이터'를 운영하고 계신 정영철 선생님께서 도움을 주셨어요.(blog.naver.com/ccedulab)

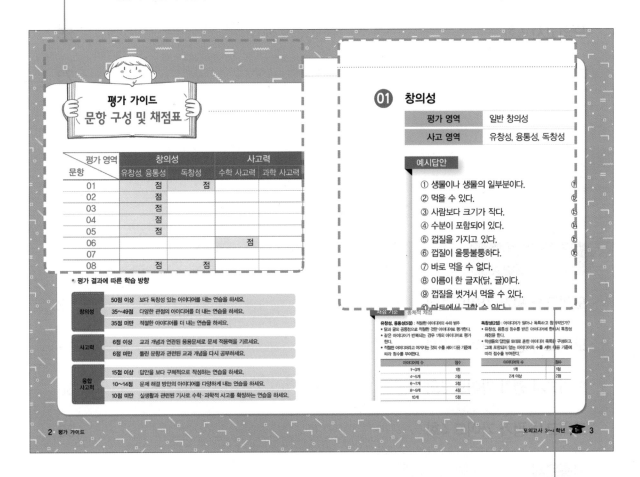

정답 및 해설편

평가 가이드
문항 구성 및 채점표

창의적 문제해결력 모의고사 평가 영역을 창의성, 수학 · 과학 사고력, 문제 파악 능력, 문제 해결 능력으로 나눈 문항 구성 및 채점표를 수록했어요. 이를 이용하여 평가 결과에 따른 학습 방향을 통해 부족한 부분을 보완하여 개선해 나갈 수 있어요.

모범답안, 예시답안 및 채점 기준

창의적 문제해결력 문제에 대한 모범답안이나 예시답안, 적절하지 않은 답안 및 채점 기준을 제시했어요. 자신의 답안과 비교해 보고 자신의 장점은 살리고 부족한 부분은 개선해 영재교육원 지필시험에 대비할 수 있어요.

이 책의 차례

영재성검사
창의적 문제해결력
모의고사

1회

초등학교　　　학년　　　반　　　번

성 명　　　　　　　　　　지원 부문

- 시험 시간은 총 90분입니다.
- 문제가 1번부터 14번까지 있는지 확인하시오.
- 문제지에 학교, 학년, 반, 번, 성명, 지원 부문을 쓰시오.
- 문항에 따라 배점이 다릅니다. 각 물음의 끝에 표시된 배점을 참고하시오.
- 필기구 외에는 계산기 등을 일체 사용할 수 없습니다.

제한시간 : **90분**

영재성검사
창의적 문제해결력

01 닭과 귤의 공통점을 10가지 쓰시오. [7점]

① _____

② _____

③ _____

④ _____

⑤ _____

⑥ _____

⑦ _____

⑧ _____

⑨ _____

⑩ _____

02 '알' 또는 '달걀'이 답이 될 수 있는 문제를 10개 만드시오. [7점]

①

②

③

④

⑤

⑥

⑦

⑧

⑨

⑩

03 전체 또는 일부분에서 다음과 같은 모양을 찾을 수 있는 물건을 30가지 쓰시오.
[7점]

① ⑪ ㉑

② ⑫ ㉒

③ ⑬ ㉓

④ ⑭ ㉔

⑤ ⑮ ㉕

⑥ ⑯ ㉖

⑦ ⑰ ㉗

⑧ ⑱ ㉘

⑨ ⑲ ㉙

⑩ ⑳ ㉚

04 크기가 같은 정사각형이 4개 있고, 정사각형 1개에는 점이 찍혀있다. 정사각형 4개를 붙여 만들 수 있는 서로 다른 모양을 모두 그리시오. (단, 점의 위치가 다르면 다른 모양이고, 돌리거나 뒤집었을 때 겹쳐지면 한 가지 모양으로 본다.) [7점]

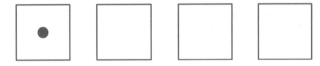

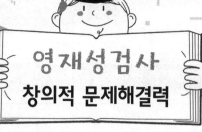

05 수들이 나열된 규칙과 ( ) 안에 들어갈 수 있는 수를 5가지 쓰시오. [7점]

| 1 | 1 | 2 | ( ) |

❶

❷

❸

❹

❺

06 [규칙]에 맞게 빈칸에 알맞은 수를 써넣으시오. [5점]

[규칙]

① 모든 가로줄에 1부터 6까지의 숫자가 겹치지 않게 써넣는다.

② 모든 세로줄에 1부터 6까지의 숫자가 겹치지 않게 써넣는다.

③ 굵은 선 안의 2×3 사각형 안에 1부터 6까지의 숫자가 겹치지 않게 써넣는다.

6		4	5		3
1					2
3					1
5		6	1		4

07 다음 기사를 읽고 물음에 답하시오.

[기 사]

'100원의 기적'은 100원을 매일 모아 어려운 이웃이나 가난한 나라의 친구들을 돕는 활동이다. 르완다에서는 100원으로 바나나 3개를 살 수 있고, 100원이 5개 모이면 탄자니아에서 생명을 살릴 수 있는 구충제 한 알을 살 수 있다. 100원이 10개 모이면 인도네시아에서 아이들의 꿈이 자랄 수 있는 책 한 권을 살 수 있다. 이처럼 우리 주머니 속에 잠들어 있는 동전들이 모이면 생명의 기적이 일어난다. 여러분도 잠들어 있는 100원을 꺼내어 작은 기부문화에 동참해 보는 건 어떨까?

(1) 유준이는 기부를 위해 매일 저금통에 100원씩 돈을 모은다. 화요일부터 돈을 모으기 시작해 매주 월요일마다 500원을 꺼내 기부하고 있다. 유준이의 저금통에 1,000원이 모이는 것은 돈을 모으기 시작한 후 며칠째인지 구하고 풀이 과정을 서술하시오. [3점]

1,000원이 모인 날짜

풀이 과정

(2) 100원짜리 동전을 돈이 아닌 다른 용도로 사용할 수 있는 방법을 10가지 서술하시오. [7점]

❶

❷

❸

❹

❺

❻

❼

❽

❾

❿

영재성검사
창의적 문제해결력

08 사진 속의 아이는 왜 울고 있는 것일까? 아이에게 1분 전에 일어났을 것으로 생각되는 일을 10가지 서술하시오. [7점]

①

②

③

④

⑤

⑥

⑦

⑧

⑨

⑩

09 다음 글자 카드를 연결하면 다양한 단어를 만들 수 있다. 주어진 카드를 연결해 2자 이상의 의미 있는 단어를 20개 만드시오. [7점]

나	오	이	축	력	운	사
퓨	봉	구	반	컴	족	염
소	터	남	말	호	강	다

① _____   ⑪ _____

② _____   ⑫ _____

③ _____   ⑬ _____

④ _____   ⑭ _____

⑤ _____   ⑮ _____

⑥ _____   ⑯ _____

⑦ _____   ⑰ _____

⑧ _____   ⑱ _____

⑨ _____   ⑲ _____

⑩ _____   ⑳ _____

10 환경 오염으로 인해 인류의 생존이 위협받고 있다. 환경 오염을 줄이고 인류의 생존을 위해 필요한 것과 사라져야 할 것을 각각 10가지 쓰시오. [7점]

필요한 것	사라져야 할 것
①	①
②	②
③	③
④	④
⑤	⑤
⑥	⑥
⑦	⑦
⑧	⑧
⑨	⑨
⑩	⑩

11 우리 주변의 여러 가지 물건에서 창의적 요소를 찾아 5가지 서술하시오. [7점]

물건	창의적 요소
스마트폰	전화만 할 수 있는 것이 아니라 다양한 앱을 이용해 게임, 내비게이션, TV 시청 등을 할 수 있다.

12 두 막대자석의 세기를 비교할 수 있는 방법을 5가지 서술하시오. [7점]

N	S		N	S

❶

❷

❸

❹

❺

13 기찻길에는 자갈이 깔려있다. 자갈이 깔린 구간이 콘크리트만 있는 구간보다 좋은 점과 그 이유를 서술하시오. [5점]

좋은 점

이유

14 다음 기사를 읽고 물음에 답하시오.

[기 사]

청주시는 2017년 7월 16일 시간당 최고 91.8 mm라는 사상 최악의 물 폭탄이 쏟아져 주택과 도로, 농경지에 침수 피해를 입었다. 정부는 충북 청주와 괴산, 충남 천안을 특별 재난 지역으로 선포했고, 청주시는 자원봉사자들과 함께 비닐 하우스 농가 피해 복구 작업, 도로변 수해 쓰레기와 토사 등 잔해물 제거 활동을 하여 수해로 발생한 쓰레기 처리에 총력을 기울이고 있다. 청주시는 덤프트럭 등을 이용하여 간선 도로변과 주택가를 돌며 하루 평균 1,000톤에 달하는 쓰레기를 수거하고 있다.

(1) 수해 쓰레기가 일으키는 문제를 2가지 서술하시오. [3점]

❶

❷

(2) 수해 쓰레기가 일으키는 문제점을 해결할 수 있는 방법을 5가지 서술하시오. [7점]

1

2

3

4

5

영재성검사

창의적 문제해결력

1회

영재성검사
창의적 문제해결력
모의고사

2회

초등학교 　　　학년 　　　반 　　　번

성 명 ｜

지원 부문 ｜

- 시험 시간은 총 90분입니다.
- 문제가 1번부터 14번까지 있는지 확인하시오.
- 문제지에 학교, 학년, 반, 번, 성명, 지원 부문을 쓰시오.
- 문항에 따라 배점이 다릅니다. 각 물음의 끝에 표시된 배점을 참고하시오.
- 필기구 외에는 계산기 등을 일체 사용할 수 없습니다.

제한시간 : **90분**

01 다음 질문에 대한 답과 그 이유를 10가지 쓰시오. [7점]

> 손가락과 발가락 중 더 행복한 것은 무엇인가?

①

②

③

④

⑤

⑥

⑦

⑧

⑨

⑩

02 다음 상황을 읽고, 편의점 직원이 예은이를 부른 이유를 10가지 서술하시오. [7점]

> 친구와 간식을 사 먹기 위해 편의점에 간 예은이는 친구와 함께 바나나 우유 2개
> 와 삼각김밥 2개를 사서 편의점을 나왔다. 예은이가 친구와 바나나 우유를 먹으
> 려는 순간 편의점 직원이 달려 나오며 "잠시만요!"라고 외쳤다.

❶

❷

❸

❹

❺

❻

❼

❽

❾

❿

영재성검사
창의적 문제해결력

03 숫자 1, 2와 +만을 사용하여 만든 식 중에서 계산 결과가 3인 식은 다음과 같다. 이와 같은 방법으로 계산 결과가 7이 되는 식은 모두 몇 가지인지 구하고 풀이 과정을 서술하시오. [7점]

$$1+1+1=3 \qquad 1+2=3 \qquad 2+1=3$$

7이 되는 식의 수

풀이 과정

04 꿀벌의 집은 정육각형 모양이다. 꿀벌이 다른 모양으로 집을 짓지 않는 이유를
5가지 서술하시오. [7점]

❶

❷

❸

❹

❺

05 주어진 숫자와 연산 기호를 사용하여 답이 12가 되는 식을 10가지 만드시오.
(단, 숫자와 연산 기호는 여러 번 사용할 수 있다.) [7점]

1, 2, 3, 4, 5, 6, +, −, =

①

②

③

④

⑤

⑥

⑦

⑧

⑨

⑩

06 다음 [조건]을 모두 만족하는 가장 큰 세 자리 수를 구하시오. [5점]

[조건]

① 7로 나누면 나머지가 5이다.
② 9로 나누면 나머지가 7이다.
③ 5로 나누면 나머지가 2이다.

07 다음 기사를 읽고 물음에 답하시오.

[기 사]

많은 사람들이 아파트나 빌라와 같은 높은 건물에 살고 있고, 우리 주변에서도 5층 이상의 높은 건물을 아주 쉽게 찾아볼 수 있다. 이처럼 높은 건물이 지어지고 우리가 불편함 없이 살아갈 수 있는 것은 바로 엘리베이터 때문이다. 도르래를 이용해 우물 속의 물을 끌어올리는 모습을 보고 물 대신 사람을 끌어올리려는 노력이 엘리베이터의 시작이었을 것이다. 오늘날 사람들을 가장 많이 실어 나르는 이동수단은 자동차도 비행기도 아닌 엘리베이터이다.

(1) 지후가 처음 엘리베이터를 탄 층은 몇 층인지 구하고 풀이 과정을 서술하시오.
[3점]

> 지후는 네 층을 올라간 다음 세 층을 내려오고, 다섯 층을 올라간 후 다시 두 층을 더 올라갔다. 그 다음 네 층을 내려온 후 두 층을 올라갔다가 세 층을 내려오니 2층에 있었다.

(2) 누구나 엘리베이터를 타기 위해 기다려본 경험이 있을 것이다. 엘리베이터를 기다리는 시간을 줄일 수 있는 방법을 5가지 서술하시오. [7점]

❶

❷

❸

❹

❺

영재성검사
창의적 문제해결력

08 다음 이어진 단어의 규칙을 찾은 후 규칙에 맞게 ⑤, ⑥에 들어갈 수 있는 단어들을 3가지 쓰시오. [7점]

① 연필 ― 비행기 ― 필기 ― 여행

② 영화 ― 예술 ― 추석 ― 명절

③ 나침반 ― 자 ― 방향 ― 길이

④ 소나무 ― 나무 ― 비둘기 ― 새

⑤ [ ] ― [ ] ― [ ] ― [ ]

⑥ [ ] ― [ ] ― [ ] ― [ ]

⑤ [ ] ― [ ] ― [ ] ― [ ]

⑥ [ ] ― [ ] ― [ ] ― [ ]

⑤ [ ] ― [ ] ― [ ] ― [ ]

⑥ [ ] ― [ ] ― [ ] ― [ ]

09 1,000원으로 방 안을 가득 채울 수 있는 물건을 사려고 한다. 가능한 방법을 10가지 서술하시오. [7점]

❶

❷

❸

❹

❺

❻

❼

❽

❾

❿

10 최근 한 조사에 의하면 스마트폰을 사용하는 사람 중 절반 이상이 하루에 스마트폰을 4시간 정도 사용한다고 한다. 이처럼 스마트폰은 오늘날 우리 생활에서 매우 중요한 물건이다. 미래에는 스마트폰이 어떤 식으로 발전할지 발전 모습을 5가지 서술하시오. [7점]

❶

❷

❸

❹

❺

11 초원에는 풀을 뜯어 먹고사는 영양, 얼룩말과 같은 초식동물과 이들을 잡아먹고 사는 사자, 표범 등의 육식동물이 함께 살고 있다. 초식동물들이 사자나 표범 등과 같은 천적들에게 잡아먹히지 않기 위한 방법을 10가지 서술하시오. [7점]

①

②

③

④

⑤

⑥

⑦

⑧

⑨

⑩

12 병 입구에 씌운 풍선을 부풀어 오르게 하는 방법을 5가지 서술하시오. (단, 병과
풍선 외에 다른 물체를 사용해도 된다.) [7점]

❶

❷

❸

❹

❺

13 다음 자료를 보고 아리스토텔레스는 지구가 둥글다는 사실을 어떻게 설명했을지 서술하시오. [5점]

> 유건이는 아빠와 함께 월식을 구경했다. 달이 사라졌다가 다시 나타나는 모습이 너무 신기했다. 아빠는 월식을 통해 아리스토텔레스라는 유명한 학자가 지구가 둥글다는 것을 설명했다고 이야기해 주셨다.
>
>

영재성검사 창의적 문제해결력

14 다음 기사를 읽고 물음에 답하시오.

[기 사]

아파트나 공동 주택이 주거형태의 대부분인 국내에서 층간소음으로 인한 고충은 일상화됐다. 정부가 최근 6년간의 갈등 조정 사례를 분석한 결과 층간소음 발생 원인으로 어린이들이 뛰거나 걸으면서 내는 발걸음 소리가 가장 큰 비중을 차지했다. 정부는 2014년 6월부터 층간소음 기준을 주간 43 dB, 야간 38 dB, 최고 소음도는 주간 55 dB, 야간 50 dB로 정했다.

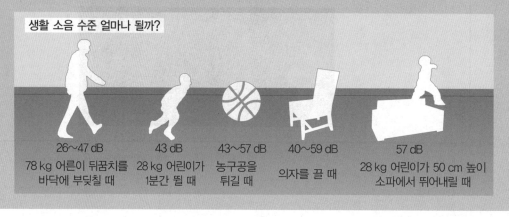

생활 소음 수준 얼마나 될까?

26~47 dB	43 dB	43~57 dB	40~59 dB	57 dB
78 kg 어른이 뒤꿈치를 바닥에 부딪칠 때	28 kg 어린이가 1분간 뛸 때	농구공을 튀길 때	의자를 끌 때	28 kg 어린이가 50 cm 높이 소파에서 뛰어내릴 때

(1) 우리 집에서 생긴 소리를 옆집에서도 들을 수 있는 이유를 서술하시오. [3점]

(2) 아파트와 같은 공동 주택에서 층간소음으로 인한 피해를 줄일 수 있는 방법을 5가지 서술하시오. [7점]

①

②

③

④

⑤

영재성검사

창의적 문제해결력

2회

영재성검사
창의적 문제해결력
모의고사

3회

초등학교　　　　학년　　　반　　　번

성 명　　　　　　　　　　　　지원 부문

- 시험 시간은 총 90분입니다.
- 문제가 1번부터 14번까지 있는지 확인하시오.
- 문제지에 학교, 학년, 반, 번, 성명, 지원 부문을 쓰시오.
- 문항에 따라 배점이 다릅니다. 각 물음의 끝에 표시된 배점을 참고하시오.
- 필기구 외에는 계산기 등을 일체 사용할 수 없습니다.

제한시간 : 90분

01 다음 두 문장과 같은 관계인 문장을 10가지 만드시오. [7점]

> • 지후는 이번 발명대회에서 최우수상을 <u>수상</u>했다.
>
> • 안쌤은 <u>수상</u> 구조요원 자격증을 가지고 있다.

①

②

③

④

⑤

⑥

⑦

⑧

⑨

⑩

02 비누와 칫솔의 공통점을 10가지 쓰시오. [7점]

❶

❷

❸

❹

❺

❻

❼

❽

❾

❿

영재성검사
창의적 문제해결력

03 우리 주변에서 볼 수 있는 별 모양을 찾아 20가지 쓰시오. [7점]

❶   ⑪

❷   ⑫

❸   ⑬

❹   ⑭

❺   ⑮

❻   ⑯

❼   ⑰

❽   ⑱

❾   ⑲

❿   ⑳

04 길이를 알고 있는 3개의 종이테이프를 이용하여 측정할 수 있는 길이를 모두 구하시오. [7점]

2 cm	3 cm	9 cm

영재성검사
창의적 문제해결력

05 정사각형 1개와 직각이등변삼각형 2개를 붙여서 만들 수 있는 모양을 모두 그리시오. (단, 돌리거나 뒤집었을 때 겹쳐지는 모양은 한 가지로 본다.) [7점]

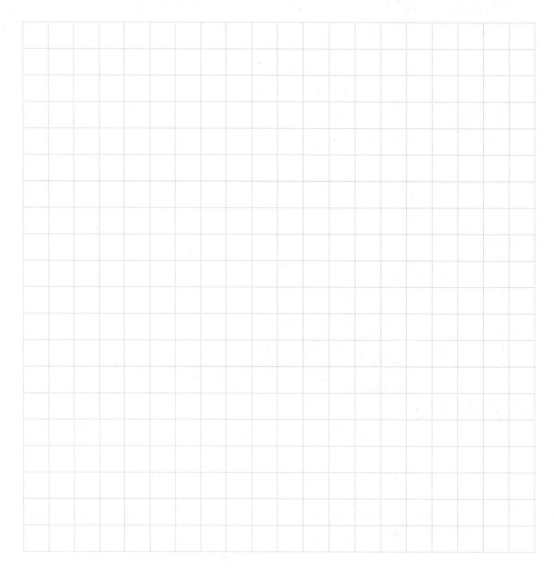

06 다음 나열된 수들의 규칙을 쓰고, 20번째 수를 구하시오. [5점]

1, 2, 3, 4, 6, 9, 9, 10, 27, 16, 14, 81, 25, …

07 다음 기사를 읽고 물음에 답하시오.

[기 사]

알파고는 구글의 딥마인드사가 개발한 인공지능 바둑 프로그램이다. 알파고는 2015년 10월 중국 프로 바둑 기사인 판 후이(Fan Hui) 2단과 5번의 대결에서 모두 승리해 프로 바둑 기사를 이긴 최초의 컴퓨터 바둑 프로그램이 되었다. 2016년 3월에는 세계 최상위 프로 기사인 우리나라 이세돌 9단과 5번 대결하여 대부분의 예상을 깨고 최종전적 4승 1패로 승리해 현존 최고의 인공지능 프로그램이 되었다.

(1) 바둑돌을 다음과 같은 규칙으로 배열하였다. 8번째 모양을 만들기 위해 필요한 검은 돌과 흰 돌의 개수를 구하고 풀이 과정을 서술하시오. [3점]

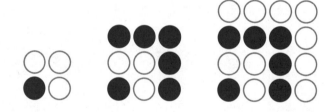

검은 돌의 개수

흰 돌의 개수

풀이 과정

(2) 다음 바둑판에서 찾을 수 있는 수학적 원리를 5가지 서술하시오. [7점]

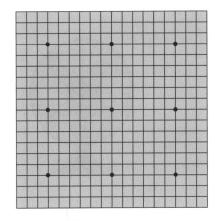

❶

❷

❸

❹

❺

08 선풍기의 불편한 점을 5가지 찾고, 각각의 불편함을 해결할 수 있는 방법을 서술하시오. [7점]

불편한 점	해결할 수 있는 방법
빠르게 돌아가는 날개가 있어 위험하다.	날개 없는 선풍기를 만든다.

09 다음 [보기]의 동물을 두 무리로 분류할 수 있는 기준을 10가지 서술하시오. [7점]

[보기]

호랑이, 지렁이, 뱀, 붕어, 비둘기, 사마귀, 파리, 매미, 기린, 잠자리, 상어, 오징어

①

②

③

④

⑤

⑥

⑦

⑧

⑨

⑩

10 다음과 같이 똑같은 2개의 비커에 물과 소금물이 들어있다. 맛을 보지 않고 물과 소금물을 구별하는 방법을 5가지 서술하시오. [7점]

①

②

③

④

⑤

11 해양 오염 중 기름 유출은 여러 원인으로 인해 기름이 바다로 흘러나가는 것이다. 바다에 기름이 유출되면 기름이 가진 독성 때문에 많은 생물이 피해를 입고, 바다 위에 기름막을 형성해 해양 생물들이 필요한 공기를 얻을 수 없게 된다. 바다에 기름이 유출되었을 때 기름을 제거할 방법을 5가지 서술하시오. [7점]

❶

❷

❸

❹

❺

영재성검사
창의적 문제해결력

12 일기 예보란 날씨의 변화를 예측하여 알려주는 것이다. 날씨를 미리 알아서 좋은
점을 10가지 서술하시오. [7점]

❶

❷

❸

❹

❺

❻

❼

❽

❾

❿

13 크게 부푼 과자 봉지 안에는 생각보다 적은 양의 과자가 있는 것을 볼 수 있다. 과자가 부서지지 않도록 과자 봉지에 질소 기체를 채우기 때문이다. 다양한 기체 중 과자 봉지에 질소 기체를 넣는 이유를 서술하시오. [5점]

14 다음 기사를 읽고 물음에 답하시오.

[기 사]

바닷가는 강한 바람, 바닷물, 해무(바다 안개), 뜨거운 햇볕, 밀물과 썰물, 소금기(염분) 섞인 지하수 등의 영향을 받는 혹독한 환경이다. 이처럼 혹독한 바닷가에서도 살아가는 식물이 있다. 바닷가의 모래땅이나 갯벌 주변의 염분이 많은 땅에서 자라는 식물을 '염생식물'이라고 하며, 갈대, 칠면초, 퉁퉁마디(함초), 모래지치, 순비기나무, 해당화 등이 대표적이다. 염생식물은 우리나라의 서해나 남해 갯벌, 염전 주변에서 볼 수 있다. 염생식물은 육상생태계와 해양생태계를 이어주며, 갯벌에 의존하며 살아가는 생물에게 영양을 공급하고 생태 공간을 제공하는 아주 중요한 역할을 한다. 또한, 육지로부터 유입되는 오염물질을 흡수하여 정화하고, 홍수가 일어났을 때는 물의 흐름을 늦추고, 태풍이나 해일의 충격을 완화한다.

▲ 퉁퉁마디(함초)

▲ 갈대

(1) 염분은 식물의 생명 활동에 악영향을 끼치므로 일반 식물은 염분이 많은 바닷가에서 자랄 수 없다. 염생식물이 열악한 조건을 가진 바닷가에서 살 때 유리한 점을 서술하시오. [3점]

(2) 염생식물이 바닷가에서 살아남기 위해 환경에 적응한 점을 5가지 서술하시오.
[7점]

❶

❷

❸

❹

❺

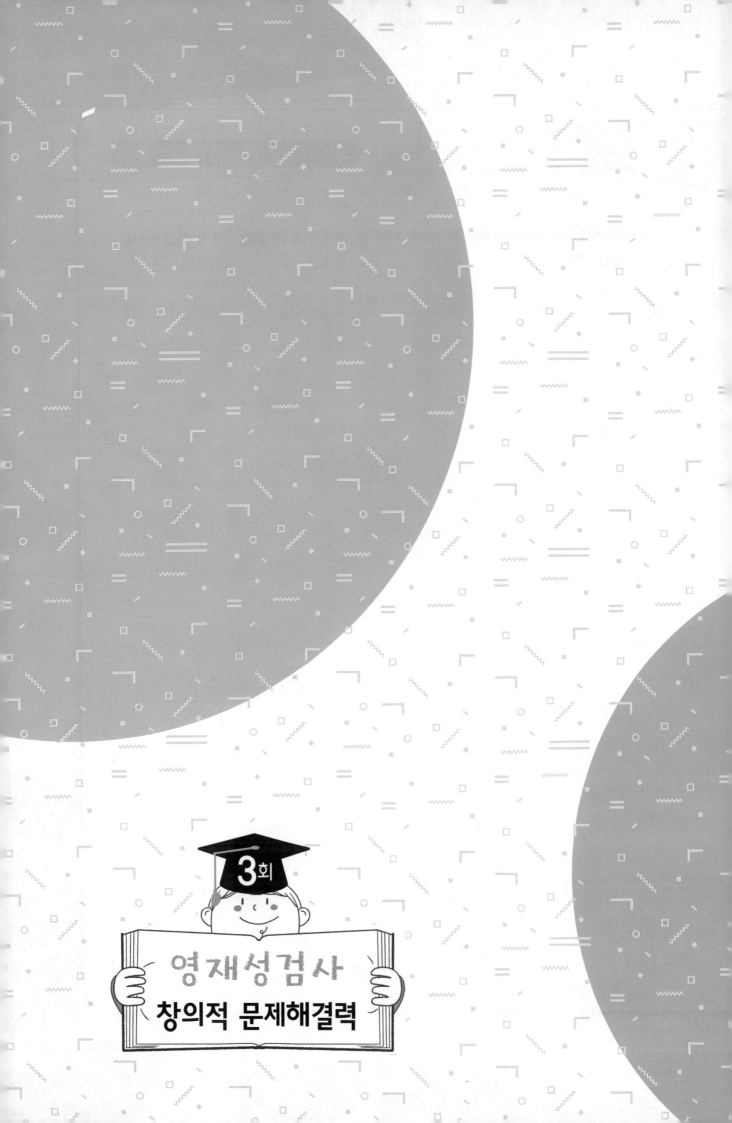

영재성검사

3회

창의적 문제해결력

영재성검사
창의적 문제해결력
모의고사

4회

초등학교   학년   반   번

성 명   지원 부문

- 시험 시간은 총 90분입니다.
- 문제가 1번부터 14번까지 있는지 확인하시오.
- 문제지에 학교, 학년, 반, 번, 성명, 지원 부문을 쓰시오.
- 문항에 따라 배점이 다릅니다. 각 물음의 끝에 표시된 배점을 참고하시오.
- 필기구 외에는 계산기 등을 일체 사용할 수 없습니다.

제한시간 : 90분

영재성검사
창의적 문제해결력

01 냉장고에 손을 직접 대지 않고 냉장고 문을 열 수 있는 방법을 10가지 서술하시오.
[7점]

①

②

③

④

⑤

⑥

⑦

⑧

⑨

⑩

02 다음 두 물체의 공통점을 10가지 서술하시오. [7점]

①

②

③

④

⑤

⑥

⑦

⑧

⑨

⑩

03 [보기]와 같이 점선으로 접었을 때 완전히 겹쳐지는 단어 중 2글자 이상으로 이루어진 의미 있는 단어를 20개 쓰시오. [7점]

[보기]

‑아마‑

①   ⑪

②   ⑫

③   ⑬

④   ⑭

⑤   ⑮

⑥   ⑯

⑦   ⑰

⑧   ⑱

⑨   ⑲

⑩   ⑳

04 다음 두 수의 공통점을 10가지 서술하시오. [7점]

> 25   36

①

②

③

④

⑤

⑥

⑦

⑧

⑨

⑩

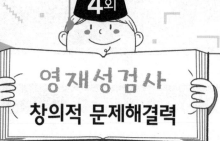

05 선 3개의 길이를 비교할 수 있는 방법을 5가지 서술하시오. [7점]

❶

❷

❸

❹

❺

06 다음 나열된 수의 규칙을 쓰고 25번째 수를 구하시오. [5점]

> 1, 2, 1, 2, 3, 2, 1, 2, 3, 4, 3, 2, 1, 2, 3, 4, 5, 4, 3, 2, 1, …

07 다음 기사를 읽고 물음에 답하시오.

[기 사]

옛날에 주사위는 동물의 뿔, 뼈, 이빨이나 단단한 나무로 만든 놀이기구였다. 주사위의 기원은 확실하지 않으나 과거 이집트에서 찾아볼 수 있다. 이집트에서는 왕조시대(BC 3400~BC 1150)부터 코끼리의 상아나 돌로 만든 현재와 같은 주사위가 있었고, 이것은 그리스, 로마, 지중해 연안 지방으로 전해졌다. 우리나라에서는 고려 시대에 주사위 놀이가 있었다고는 하나, 놀이 방식은 알 수가 없고, 조선 전기에 여성들이 주사위를 던져 숫자 맞추기와 같은 놀이를 하였다고 한다.

(1) 다음 모양의 종이를 접어 주사위를 만들려고 한다. 주사위의 마주 보는 면의 합이 모두 7이 되도록 빈칸에 알맞은 수를 써넣으시오. [3점]

(2) 새로운 모양의 주사위를 만들려고 한다. 주사위를 만들 때 고려해야 할 점을 5가지 서술하시오. [7점]

❶

❷

❸

❹

❺

08 [보기]와 같은 방법으로 만들어진 단어를 20가지 쓰시오. [7점]

┌─ [보기] ─────────────────────────────┐
반짝반짝, 두근두근, 으르렁으르렁, 깡충깡충
└─────────────────────────────────────┘

① _____   ⑪ _____

② _____   ⑫ _____

③ _____   ⑬ _____

④ _____   ⑭ _____

⑤ _____   ⑮ _____

⑥ _____   ⑯ _____

⑦ _____   ⑰ _____

⑧ _____   ⑱ _____

⑨ _____   ⑲ _____

⑩ _____   ⑳ _____

09 달걀로 할 수 있는 일을 10가지 서술하시오. [7점]

①

②

③

④

⑤

⑥

⑦

⑧

⑨

⑩

10 용수철은 늘어나거나 줄어들어도 원래의 모양으로 돌아가려는 탄성을 가지고 있다. 우리 주변에서 용수철을 이용한 도구를 10가지 쓰시오. [7점]

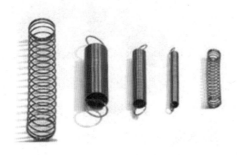

①

②

③

④

⑤

⑥

⑦

⑧

⑨

⑩

11 공기는 눈에 보이지 않고, 냄새도 나지 않기 때문에 우리 주변에 있는지 잘 느끼지 못한다. 바람개비가 돌아가는 것으로 공기가 있는 것을 알 수 있는 것처럼 공기가 있다는 사실을 확인할 수 있는 방법을 10가지 서술하시오. [7점]

❶

❷

❸

❹

❺

❻

❼

❽

❾

❿

12 외출하려던 가온이는 자신이 입고 싶었던 옷이 다 마르지 않은 것을 보고 옷을 빨리 말리고 싶었다. 젖은 옷을 빨리 말릴 수 있는 방법을 5가지 서술하시오. [7점]

❶

❷

❸

❹

❺

13 콩, 쌀, 철가루, 소금이 섞여 있는 혼합물이 있다. 혼합물을 분리하는 방법과 원리를 서술하시오. [5점]

영재성검사
창의적 문제해결력

14 다음 기사를 읽고 물음에 답하시오.

[기 사]

일본에서 뱀을 닮은 독특한 모양의 로봇인 스코프 (scope)가 개발되었다. 이 로봇은 길이 8 m의 가늘고 긴 모양이며, 앞쪽에는 머리 역할을 하는 센서와 카메라가 있고, 둥글고 긴 몸통에는 동물 피부처럼 털이 있다. 이 털은 로봇을 보호할 뿐만 아니라 원활하게 이동할 수 있도록 돕는다. 뱀 모양 로봇은 카메라와 센서를 통해 장애물을 피하거나 방향을 바꿀 수 있고, 최대 3 kg의 물건을 싣고 초속 10 cm의 빠르기로 이동할 수 있다. 연구진은 뱀 로봇이 전 세계 어디에서나 발생할 수 있는 재해 현장에서 구조 작업을 도울 수 있을 것이며 3년 이내에 현장 투입이 가능할 정도로 업그레이드할 것이라고 했다.

(1) 뱀 로봇을 활용할 수 있는 곳을 2가지 서술하시오. [3점]

❶

❷

(2) 인간을 비롯한 곤충이나 동물 등의 기본 구조와 작동 원리를 모방해 로봇제작 기술에 적용한 것을 생체모방 로봇이라고 한다. 동물의 특징을 바탕으로 생체 모방 로봇을 설계하고, 활용 방안을 서술하시오. [7점]

생체모방 로봇 설계

활용 방안

영재성검사

4회

창의적 문제해결력

영재성검사
창의적 문제해결력

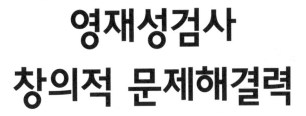

기출문제

01 다음 규칙을 보고 물음에 답하시오.

┌─ [규칙] ──────────────────────────────────────┐
① 정사각형을 그린다.

② 각 꼭짓점을 중심으로 하여 정사각형의 한 변이 지름인 원을 모두 그린다.

③ 각 꼭짓점을 중심으로 하여 정사각형의 한 변이 반지름인 원을 모두 그린다.

④ 정사각형 밖으로 그려진 원의 일부를 모두 지운다.

⑤ 이와 같은 무늬를 100개를 만들어 이어 붙인 후 큰 정사각형 무늬를 만든다.
└──┘

(1) 큰 정사각형 무늬를 만들면 작은 정사각형의 한 변이 지름인 원이 모두 몇 개 그려지는지 구하시오.

(2) 큰 정사각형 무늬를 만들면 작은 정사각형의 한 변이 반지름인 원이 모두 몇 개 그려지는지 구하시오.

02 네 자리 수인 A는 5로 나누어떨어지고, 4로 나누면 나머지는 1이다. A가 될 수 있는 가장 작은 수와 가장 큰 수를 구하시오.

가장 작은 수

가장 큰 수

03 어떤 신호등은 색깔이 빨간색, 노란색, 초록색의 순서로 반복적으로 켜지고 꺼진다. 빨간색은 22초 켜졌다 꺼지고, 노란색은 4초 켜졌다 꺼지며, 초록색은 15초 켜졌다 꺼진다. 빨간색이 켜진 후 1초가 지났다고 할 때, 1시간 후에 켜져 있는 신호등의 색깔과 그 색깔이 몇 초 켜져 있었는지 구하시오. (단, 신호등은 색깔이 겹쳐서 켜지지 않는다.)

04 다음은 세계 주요 도시와 우리나라의 시차를 조사한 것이다. 물음에 답하시오.

(1) 한국이 8월 12일 오전 11시일 때, 각 도시의 시각을 구하시오.

도시	서울	상하이	뉴욕	도쿄	시드니	런던
시각	8월 12일 오전 11시	8월 12일 오전 10시				
시차		1시간 느림	14시간 느림	없음	2시간 빠름	9시간 느림

(2) 영재는 뉴욕 시각으로 8월 14일 오전 11시에 뉴욕에서 한국으로 출발했다. 뉴욕에서 한국까지 오는 데 걸리는 시간이 13시간이라고 할 때, 한국에 도착한 시각을 한국 시각으로 구하시오.

05 화장실 벽을 [보기]의 모양의 벽돌로 채우려고 한다. 물음에 답하시오.

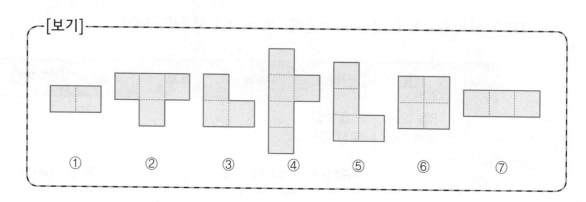

[보기]

① ② ③ ④ ⑤ ⑥ ⑦

(1) 화장실 벽이 다음과 같이 색칠된 부분만 벽돌로 채워져 있다. 벽돌로 채워지지 않은 부분을 [보기]의 ①번 모양의 벽돌로 채우시오.

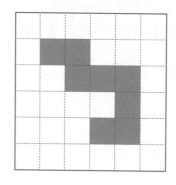

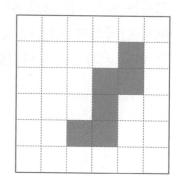

(2) [보기]의 ①~⑦번 모양의 벽돌을 한 번씩 사용하여 다음 화장실 벽을 채우시오. (단, 돌리는 것은 가능하지만 뒤집기는 불가능하다.)

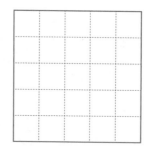

06 다음은 수를 배열하는 규칙과 그 예시이다.

┌─ [수를 배열하는 규칙] ─────────────────────────

1. 바로 위 칸에 놓인 수는 아래 칸에 놓인 수보다 작다.

2. 바로 오른쪽 칸에 놓인 수는 왼쪽 칸에 놓인 수보다 크다.

1	2	3
4	5	6
7	8	9

〈예시〉

[보기]와 같은 규칙으로 1~25까지의 수를 한 번씩만 사용하여 (1)~(4)의 빈칸을 채우시오.

(1)

1	3	6		
				25

(2)

3		10		12
9				

(3)

	5			

(4)

5				

07 다음은 어느 해의 12월 달력이다. 물음에 답하시오.

일	월	화	수	목	금	토
	1	2	3	4	5	6
7	8	9	10	11	12	13
14	15	16	17	18	19	20
21	22	23	24	25	26	27
28	29	30	31			

(1) 첫 번째 토요일에서 6주 전 수요일과 6주 후 수요일의 날짜를 더한 값을 구하시오.

(2) 위의 달력에서 색칠한 것과 같은 모양으로 5칸을 선택한 뒤 그 수를 모두 더했더니 115가 되었다. 선택한 5칸의 수를 작은 수부터 차례대로 쓰시오.

08 드론은 무선전파의 신호로 비행 및 조종이 가능한 무인항공기이다. 드론은 영상 촬영용, 공연용, 수색작업용, 군사용, 통신용, 장난감용 등 다양한 용도로 활용되고 있다. 드론은 프로펠러가 4개인 것이 대부분이나 6개 또는 8개인 것도 있다. 프로펠러가 4개보다 많을 때의 장점과 단점을 각각 서술하시오.

쿼드콥터 : 프로펠러 4개

헥사콥터 : 프로펠러 6개

옥토콥터 : 프로펠러 6개

장점

단점

09 다음과 같이 페트병에 풍선을 넣은 후 공기를 불어넣었더니 풍선이 부풀지 않았다.
물음에 답하시오.

(1) 위 실험 결과를 통해 알 수 있는 사실을 쓰고, 이를 확인할 수 있는 다른 실험
방법을 서술하시오.

❶ 알 수 있는 사실 :

❷ 이를 확인할 수 있는 다른 실험 방법 :

(2) 위 실험 결과와 같은 현상을 우리 주위에서 찾아 3가지 쓰시오.

10 다음 물음에 답하시오.

(1) 텅 비어 있는 방과 물건으로 가득 차 있는 방 중에서 소리가 더 잘 들리는 방을 고르고, 그 이유를 서술하시오.

1 소리가 더 잘 들리는 방 :

2 그 이유 :

(2) 아래 그림과 같이 통 안에 음악이 나오는 스마트폰을 넣고 어떤 경우에 소리가 더 잘 들리는지 알아보는 실험을 하려고 한다. 이 실험에서 같게 해야 할 것을 3가지 쓰시오.

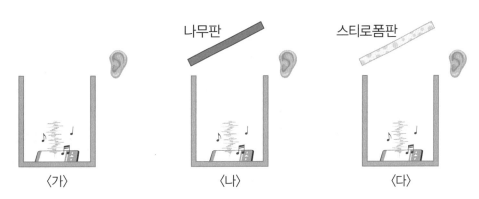

〈가〉 〈나〉 〈다〉

11 다음 〈가〉, 〈나〉와 같은 두 가지 형태의 세계 지도가 있다. 물음에 답하시오.

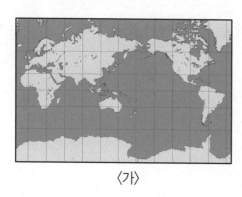

〈가〉

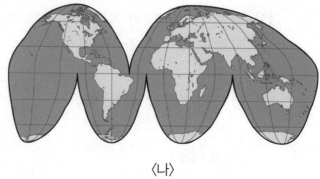

〈나〉

(1) 바다와 육지의 면적을 비교할 때 사용해야 할 지도를 고르고, 그 이유를 서술하시오.

❶ 사용해야 할 지도 :

❷ 그 이유 :

(2) 바다와 육지의 넓이를 비교할 수 있는 방법을 3가지 서술하시오.

12 국내의 한 기업은 '빼는 것이 플러스다.'라는 슬로건을 내세워 가격에 거품은 빼고, 가성비는 더한다는 전략으로 가격이 저렴하면서도 품질이 좋은 제품을 판매하여 소비자들로부터 큰 인기를 끌었다. '~빼면 ~ 플러스다.'라는 문구를 넣어 사람들에게 긍정적인 영향을 주는 문장을 5가지 서술하시오.

┌─[예시]──────────────────────────────┐
│   │
│   가격에 거품을 빼면 판매량이 플러스다.   │
│   │
└──────────────────────────────────┘

13 다음 표는 어떤 용수철에 추를 매달았을 때 용수철에 매단 추의 무게와 용수철이 늘어난 길이를 나타낸 것이다. 이 용수철에 무게가 300 g중인 쇠구슬을 매달고 아래에 자석을 놓았더니 용수철의 길이가 26 cm였다. 이때 자석이 쇠구슬에 작용한 힘을 구하시오.

추의 무게(g중)	0	50	100	150	200	250
용수철의 길이(cm)	10	12	14	16	18	20

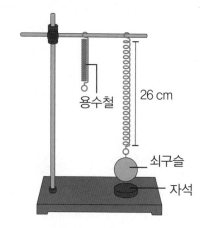

용수철

26 cm

쇠구슬

자석

14 다음 글을 읽고 물음에 답하시오.

> 화학물질, 기름 유출, 미세플라스틱 등과 같은 독성 물질로 인해 오염된 바다는 거대한 몸을 움직여 바다를 유영하는 고래에게 살기 좋은 바다가 아니다. 이 외에도 상업적 포경(고래잡이), 선박 충돌, 기후 변화, 지구 온난화로 인해 고래는 생존에 위협을 받고 있다. 고래는 지구의 대기를 정화하고 바다 생태계를 지켜주는 동물이기에 반드시 보호해야 한다.
>
>

(1) 고래는 숨쉴 때마다 이산화 탄소를 저장하는데 일생동안 고래가 저장하는 이산화 탄소량은 33톤 정도 된다. 고래가 죽은 후에는 자신의 몸에 33톤의 이산화 탄소를 저장한 채로 바다 밑으로 가라앉게 되고, 몸속 이산화 탄소는 수백 년간 갇혀있게 된다. 고래의 이산화 탄소 저장 능력은 지구 환경에 어떤 영향을 미치는지 서술하시오.

(2) 고래는 숨을 쉴 수 있는 수면으로 올라와 배설을 한다. 몸집이 큰 고래는 배설 양도 많은데 고래의 배설물은 식물성 플랑크톤의 성장을 돕는 인과 철이 많다. 고래의 배설물이 지구에 미치는 좋은 영향을 2가지 서술하시오.

영재교육의 모든 것!
시대에듀가 상위 1%의 학생이 되는
기적을 이루어 드립니다.

안쌤 **안재범**

수달쌤 **이상호**

수박쌤 **박기훈**

영재교육 프로그램

 프로그램 1 창의사고력 대비반

 프로그램 2 영재성검사 모의고사반

 프로그램 3 면접 대비반

 프로그램 4 과고 · 영재고 합격완성반

수강생을 위한 프리미엄 학습 지원 혜택

 영재맞춤형 **최신 강의 제공**

 영재로 가는 필독서 **최신 교재 제공**

 핵심만 담은 **최적의 커리큘럼**

 PC + 모바일 **무제한 반복 수강**

 스트리밍 & 다운로드 **모바일 강의 제공**

 쉽고 빠른 피드백 **카카오톡 실시간 상담**

시대에듀 **안쌤 영재교육연구소** | www.sdedu.co.kr

시대에듀가 준비한
특별한 학생을 위한
최상의 학습
시리즈

① **안쌤의 사고력 수학 퍼즐 시리즈**
- 14가지 교구를 활용한 퍼즐 형태의 신개념 학습서
- 집중력, 두뇌 회전력, 수학 사고력 동시 향상

② **안쌤의 STEAM + 창의사고력**
수학 100제, 과학 100제 시리즈
- 영재교육원 기출문제
- 창의사고력 실력다지기 100제
- 초등 1~6학년

안쌤과 함께하는
영재교육원 면접 특강
⑧
- 영재교육원 면접의 이해와 전략
- 각 분야별 면접 문항
- 영재교육 전문가들의 연습문제

스스로 평가하고 준비하는! 대학부설·교육청
영재교육원 봉투모의고사 시리즈
- 영재교육원 집중 대비·실전 모의고사 3회분
- 면접 가이드 수록
- 초등 3~6학년, 중등
⑦

시대에듀

영재성검사
창의적
문제해결력
모의고사

초등
3~4
학년

정답 및 해설

시대에듀

이 책의 차례

영재성검사
창의적 문제해결력
모의고사

평가 가이드

1 문항 구성 및 채점표

2 문항별 채점 기준

1회

평가 영역 문항	창의성		사고력		융합 사고력	
	유창성, 융통성	독창성	수학 사고력	과학 사고력	문제 파악 능력	문제 해결 능력
01	점	점				
02	점					
03	점					
04	점					
05	점					
06			점			
07					점	점
08	점	점				
09	점					
10	점	점				
11	점	점				
12	점	점				
13				점		
14					점	점

평가 영역별 점수	유창성, 융통성	독창성	수학 사고력	과학 사고력	문제 파악 능력	문제 해결 능력
	창의성		사고력		융합 사고력	
	/ 70점		/ 10점		/ 20점	

	총점	

● 평가 결과에 따른 학습 방향

창의성	50점 이상	보다 독창성 있는 아이디어를 내는 연습을 하세요.
	35~49점	다양한 관점의 아이디어를 더 내는 연습을 하세요.
	35점 미만	적절한 아이디어를 더 내는 연습을 하세요.

사고력	6점 이상	교과 개념과 연관된 응용문제로 문제 적응력을 기르세요.
	6점 미만	틀린 문항과 관련된 교과 개념을 다시 공부하세요.

융합 사고력	15점 이상	답안을 보다 구체적으로 작성하는 연습을 하세요.
	10~14점	문제 해결 방안의 아이디어를 다양하게 내는 연습을 하세요.
	10점 미만	실생활과 관련된 기사로 수학·과학적 사고를 확장하는 연습을 하세요.

01 창의성

평가 영역	일반 창의성
사고 영역	유창성, 융통성, 독창성

예시답안

① 생물이나 생물의 일부분이다.
② 먹을 수 있다.
③ 사람보다 크기가 작다.
④ 수분이 포함되어 있다.
⑤ 껍질을 가지고 있다.
⑥ 껍질이 울퉁불퉁하다.
⑦ 바로 먹을 수 없다.
⑧ 이름이 한 글자(닭, 귤)이다.
⑨ 껍질을 벗겨서 먹을 수 있다.
⑩ 마트에서 구할 수 있다.
⑪ 번식을 한다.
⑫ 주로 야외에서 키운다.
⑬ 세포로 이루어져 있다.
⑭ 무게가 있다.
⑮ 병에 걸릴 수 있다.
⑯ 육지에서 산다.

해설

'내가 좋아하는 것이다'처럼 객관적이지 않은 것은 답안으로 적절하지 않다.

채점 기준 총체적 채점

유창성, 융통성(5점) : 적절한 아이디어의 수와 범주
* 닭과 귤의 공통점으로 적절한 것만 아이디어로 평가한다.
* 같은 아이디어가 반복되는 경우 1개의 아이디어로 평가한다.
* 적절한 아이디어라고 여겨지는 것의 수를 세어 다음 기준에 따라 점수를 부여한다.

아이디어의 수	점수
1~3개	1점
4~5개	2점
6~7개	3점
8~9개	4점
10개	5점

독창성(2점) : 아이디어가 얼마나 독특하고 창의적인가?
* 유창성, 융통성 점수를 받은 아이디어에 한해서 독창성 채점을 한다.
* 학생들의 답안을 토대로 흔한 아이디어 목록을 구성하고, 그에 포함되지 않는 아이디어의 수를 세어 다음 기준에 따라 점수를 부여한다.

아이디어의 수	점수
1개	1점
2개 이상	2점

02 창의성

평가 영역	일반 창의성
사고 영역	유창성, 융통성

예시답안

① 에디슨이 어릴 때 부화시키기 위해 품었던 것은?

② 눈두덩이에 멍이 들었을 때, 눈에 문지르는 것은?

③ 강아지는 새끼를 낳지만, 개구리나 새는 이것을 낳는다. 이것은?

④ 찜질방에서 주로 먹는 간식으로 굽거나 삶아서 먹는 동그란 것은?

⑤ 떡국에 올려서 먹는 흰색과 노란색 고명은 무엇으로 만드는가?

⑥ 딱딱한 껍질로 둘러싸여 있고, 투명한 액체 안에 노란색 액체가 들어있다. 이것은?

⑦ 신라의 시조인 박혁거세는 이것을 깨고 태어났다. 이것은?

⑧ 부활절에 성당이나 교회에서 나누어 먹는 동그란 것은?

⑨ 알파벳 'R'을 소리 나는 대로 한글로 쓰면?

⑩ 닭이 번식하기 위해 낳는 것은?

⑪ 포유류는 새끼를 낳아 번식한다. 조류, 파충류, 양서류, 어류가 번식하기 위해 낳는 것은?

⑫ 계란의 다른 말은?

⑬ 달걀을 한 글자로 줄이면?

⑭ 김밥에 들어가는 재료 중 하나로 부드럽고 노란색과 흰색이 섞여 있는 것은?

채점 기준   총체적 채점

유창성, 융통성(7점) : 적절한 아이디어의 수와 범주

* 알 또는 달걀이 정답이 될 수 없는 문제는 아이디어로 평가하지 않는다.
* 같은 아이디어가 반복되는 경우 1개의 아이디어로 평가한다.
* 적절한 아이디어라고 여겨지는 것의 수를 세어 다음 기준에 따라 점수를 부여한다.

아이디어의 수	점수		
1~2개	1점	7개	4점
3~4개	2점	8개	5점
5~6개	3점	9개	6점
		10개	7점

03 창의성

평가 영역	수학 창의성
사고 영역	유창성, 융통성

예시답안

① 상자	⑰ 김	㉝ 지폐
② 사각봉투	⑱ 책	㉞ 카드
③ 식빵	⑲ 노트	㉟ 보조배터리
④ 문	⑳ 자	㊱ 야구 경기장
⑤ 창문	㉑ 계산기	㊲ 라면 봉지
⑥ 이불	㉒ 지우개	㊳ 명함
⑦ 베개	㉓ 도시락	㊴ 거울
⑧ 국기	㉔ 지갑	㊵ 스마트폰
⑨ 모니터	㉕ 책상	㊶ 타일 조각
⑩ 노트북	㉖ 의자	㊷ 리모컨
⑪ 컴퓨터 본체	㉗ 책장	㊸ 손수건
⑫ 스피커	㉘ 서랍장	㊹ 껌
⑬ 냉장고	㉙ 도마	㊺ 수영장
⑭ 세탁기	㉚ 쟁반	㊻ 두부
⑮ 오븐	㉛ A4용지	㊼ 침대
⑯ 전자레인지	㉜ 액자	㊽ 시계

채점 기준 총체적 채점

유창성, 융통성(7점) : 적절한 아이디어의 수와 범주
* 물건 전체의 특징이 사각형 모양인 것 외에도 물건의 부분적인 특징이 사각형인 것도 아이디어로 평가한다.
* 누구나 그 물건을 떠올렸을 때 사각형이 떠오르는 객관적인 것만 아이디어로 평가한다.
* 같은 아이디어가 반복되는 경우 1개의 아이디어로 평가한다.
* 적절한 아이디어라고 여겨지는 것의 수를 세어 다음 기준에 따라 점수를 부여한다.

아이디어의 수	점수	16~20개	4점
1~5개	1점	21~25개	5점
6~10개	2점	26~28개	6점
11~15개	3점	29~30개	7점

04 창의성

평가 영역	수학 창의성
사고 영역	유창성

예시답안

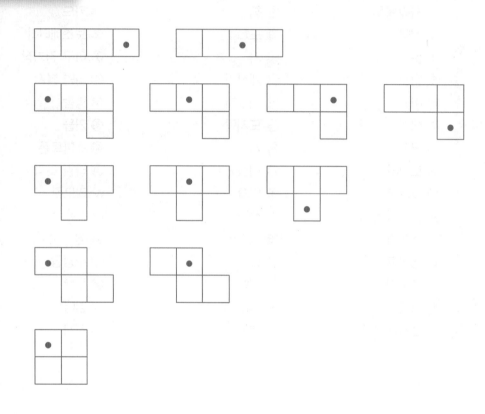

채점 기준 총체적 채점

유창성(7점) : 적절한 아이디어의 수와 범주

* 문제의 조건에 맞는 모양을 그린 경우만 아이디어로 평가한다.

* 적절한 아이디어라고 여겨지는 것의 수를 세어 다음 기준에 따라 점수를 부여한다.

아이디어의 수	점수	9개	4점
1~5개	1점	10개	5점
6~7개	2점	11개	6점
8개	3점	12개	7점

05 창의성

평가 영역	수학 창의성
사고 영역	유창성

예시답안

① 1-1-2-(2)

  같은 수가 2번씩 반복되는 규칙이다.

② 1-1-2-(3)

  • 앞의 두 수의 합이 다음 수가 되는 규칙이다.

  • 앞의 두 수의 곱이 1씩 커지는 규칙이다.

③ 1-1-2-(1)

  • 1-1-2-1-2-3-1-2-3-4-1-2-3-4-5 …와 같이 1부터 연속하는 수의 개수가 1개씩 늘어나는 규칙이다.

  • 홀수 번째 수는 1-2-3-4 …, 짝수 번째 수는 1-1-1-1 …이 반복되는 규칙이다.

④ 1-1-2-$\left(\dfrac{3}{2}\right)$

  1-1-2-$\dfrac{3}{2}$-$\dfrac{8}{3}$-$\dfrac{15}{8}$ …와 같이 연속하는 두 수의 곱이 1씩 커지는 규칙이다.

⑤ 1-1-2-(4)

  • 앞에 있는 모든 수의 합이 되는 규칙이다.

  • 0, 1, 2, 3씩 늘어나는 규칙이다.

채점 기준 총체적 채점

유창성(7점) : 적절한 아이디어의 수와 범주

* 빈칸에 들어갈 숫자와 규칙을 함께 서술한 경우만 1개의 아이디어로 평가한다.

* 같은 수가 들어가더라도 규칙이 다른 경우 각각 아이디어로 평가한다.

* 적절한 아이디어라고 여겨지는 것의 수를 세어 다음 기준에 따라 점수를 부여한다.

아이디어의 수	점수	3개	3점
1개	1점	4개	5점
2개	2점	5개	7점

06 사고력

평가 영역	사고력
사고 영역	수학 사고력

모범답안

6	1	4	5	2	3
2	5	3	4	1	6
1	6	5	3	4	2
3	4	2	6	5	1
4	3	1	2	6	5
5	2	6	1	3	4

해설

큰 사각형 가장 바깥쪽 테두리의 빈칸에 들어갈 수를 찾은 후 주어진 규칙에 맞게 빈칸에 넣을 수 있는 수를 차례대로 채운다.

채점 기준   요소별 채점

수학 사고력(5점)

채점 기준	점수
빈칸을 모두 정확히 채운 경우	5점

07 융합 사고력

평가 영역	융합 사고력-수학
사고 영역	문제 파악 능력, 문제 해결 능력

모범답안

(1)

[1,000원이 모인 날짜] 20일째

[풀이 과정]

매일 100원씩 저금하고, 월요일에는 500원을 기부하므로 1,000원을 모으기 위한 10일과 2번의 기부를 위한 10일이 필요하다.

해설

날짜	1일째	2일째	3일째	4일째	5일째	6일째	7일째	8일째	9일째	10일째
요일	화요일	수요일	목요일	금요일	토요일	일요일	월요일	화요일	수요일	목요일
저금통에 모은 돈(원)	100	200	300	400	500	600	700 −500 =200	300	400	500

날짜	11일째	12일째	13일째	14일째	15일째	16일째	17일째	18일째	19일째	20일째
요일	금요일	토요일	일요일	월요일	화요일	수요일	목요일	금요일	토요일	일요일
저금통에 모은 돈(원)	600	700	800	900 −500 =400	500	600	700	800	900	1,000

채점 기준 요소별 채점

문제 파악 능력(3점)

채점 기준	점수
이유를 서술하거나 표를 그려 문제를 해결한 경우	2점
답을 정확히 구한 경우	1점

예시답안

(2)

① 운동 경기에서 공격권을 정할 때 동전을 던져서 정한다.

② 동전 던지기 놀이에 사용한다.

③ 동전 마술에 사용한다.

④ 동전을 이어 붙여 목걸이를 만든다.

⑤ 동전을 종이 뒤에 놓고 연필로 색칠해 동전과 같은 모양을 만들고 이것을 미술 작품에 활용한다.

⑥ 덜컹거리는 책상다리를 받칠 때 쓴다.

⑦ 다른 물건의 무게를 가늠하는 기준으로 사용한다.

⑧ 원을 그릴 때 사용한다.

⑨ 다른 물건의 크기나 면적을 측정하는 단위 면적으로 사용한다.

⑩ 일자 드라이버처럼 사용한다.

⑪ 복권 스크래치를 긁을 때 사용한다.

⑫ 마트에서 카트를 꺼낼 때 사용한다.

⑬ 소원을 빌며 분수에 던질 때 사용한다.

⑭ 벽에 동전을 붙여 장식한다.

⑮ 동전에 전기가 흐르는지 실험한다.

⑯ 동전에 비닐을 감싸 제기를 만든다.

⑰ 동전을 돌려 팽이 놀이를 한다.

채점 기준 총체적 채점

문제 해결 능력(7점)

* 100원 동전의 용도로 적절한 것만 아이디어로 평가한다.

* 같은 아이디어가 반복되는 경우 1개의 아이디어로 평가한다.

* 적절한 아이디어라고 여겨지는 것의 수를 세어 다음 기준에 따라 점수를 부여한다.

아이디어의 수	점수		7개	4점
1~2개	1점		8개	5점
3~4개	2점		9개	6점
5~6개	3점		10개	7점

08 창의성

평가 영역	일반 창의성
사고 영역	유창성, 융통성, 독창성

예시답안

① 엄마를 잃어버렸다.-슬픔

② 끔찍한 상황을 목격했다.-충격

③ 누군가가 깜짝 놀라게 했다.-놀람

④ 먹고 있던 사탕을 바닥에 떨어뜨렸다.-상실

⑤ 넘어졌다.-민망, 고통

⑥ 친구들에게 놀림을 받았다.-위축

⑦ 시험을 잘 못 봤다.-실망

⑧ 화장실을 못 찾아 바지에 오줌을 쌌다.-불만

⑨ 불량배에게 위협을 당했다.-공포

⑩ 무서운 영화를 봤다.-충격

⑪ 응원하던 축구팀이 경기에 졌다.-실망

⑫ 머리를 잘랐는데 맘에 들지 않았다.-불만

⑬ 바람이 불어 눈에 모래가 들어갔다.-아픔

⑭ 모르고 매운 고추를 먹었다.-고통

⑮ 동생이 아끼는 장난감을 고장냈다.-불만

⑯ 산책 중이던 개를 놓쳤다.-충격, 놀람

⑰ 무서운 놀이기구를 탔다.-충격, 놀람, 공포

채점 기준   총체적 채점

유창성, 융통성(5점) : 적절한 아이디어의 수와 범주

* 울고 있는 아이에게 1분 전에 일어났을 상황으로 적절한 것만 아이디어로 평가한다.
* 같은 아이디어가 반복되는 경우 1개의 아이디어로 평가한다.
* 적절한 아이디어라고 여겨지는 것의 수를 세어 다음 기준에 따라 점수를 부여한다.

아이디어의 수	점수
2~3개	1점
4~5개	2점
6~7개	3점
8~9개	4점
10개	5점

독창성(2점) : 아이디어가 얼마나 독특하고 창의적인가?

* 유창성, 융통성 점수를 받은 아이디어에 한해서 독창성 채점을 한다.
* 울고 있는 아이의 감정을 고통, 슬픔, 공포 등으로 나누어 각 감정에 해당하는 아이디어를 1개로 평가한다.

아이디어의 수	점수
1개	1점
2개 이상	2점

09 창의성

평가 영역	일반 창의성
사고 영역	유창성

예시답안

① 나이
② 축구
③ 이력
④ 사력
⑤ 구력
⑥ 염력
⑦ 오이
⑧ 운구
⑨ 사이
⑩ 사이다
⑪ 컴퓨터
⑫ 족구
⑬ 호구
⑭ 사나이
⑮ 염소

⑯ 반사
⑰ 남반구
⑱ 호강
⑲ 강남구
⑳ 강사
㉑ 강구
㉒ 반말
㉓ 호족
㉔ 축사
㉕ 축소
㉖ 이사
㉗ 구축
㉘ 구호
㉙ 구강
㉚ 소염

㉛ 소다
㉜ 호소
㉝ 호남
㉞ 구이
㉟ 남구
㊱ 다이소
㊲ 봉사
㊳ 구강염
㊴ 호소력
㊵ 반구
㊶ 다반사
㊷ 운반
㊸ 소반
㊹ 소강
㊺ 나오다

채점 기준 총체적 채점

유창성(7점) : 적절한 아이디어의 수와 범주
* 의미가 모호한 것은 아이디어로 평가하지 않는다.
* 주어진 카드로 만들어진 단어의 개수를 세어 다음 기준에 따라 점수를 부여한다.

아이디어의 수	점수			
1~11개	1점		16~17개	4점
12~13개	2점		18개	5점
14~15개	3점		19개	6점
			20개	7점

⑩ 창의성

평가 영역	과학 창의성
사고 영역	유창성, 융통성, 독창성

예시답안

[필요한 것]
① 환경 오염을 줄이고자 하는 마음
② 환경단체
③ 친환경 에너지 기술
④ 개인 컵
⑤ 나무 심기
⑥ 빨리 분해되는 플라스틱
⑦ 오염된 환경을 되살릴 수 있는 기술
⑧ 환경 오염 방지법
⑨ 하수처리장, 굴뚝집진기, 자동차 배기 가스 감소 장치
⑩ 재활용 분리배출, 분리수거
⑪ 환경미화원
⑫ 실내 적정 온도 유지
⑬ 친환경 제품
⑭ 전기 사용 절약

[사라져야 할 것]
① 낭비, 양치할 때 물을 틀어 놓는 습관
② 분해되지 않는 비닐과 플라스틱
③ 환경보다 발전을 먼저 생각하는 이기 적인 기업
④ 종이컵, 비닐과 같은 일회용품
⑤ 기름을 흘리고 다니는 유조선
⑥ 많은 연료를 사용하는 자동차
⑦ 환경에 대한 무관심
⑧ 과소비
⑨ 정화하지 않은 공장 매연
⑩ 정화하지 않은 공장 폐수, 생활 하수, 축산 폐수
⑪ 온실가스
⑫ 과대 상품 포장
⑬ 무분별한 산림 훼손

채점 기준 총체적 채점

유창성, 융통성(5점) : 적절한 아이디어의 수와 범주
* 실천할 수 있는 것만 아이디어로 평가한다. 자동차나 공장은 환경 오염을 일으키지만 사라지면 안 되는 것들이다.
* 필요한 것과 사라져야 할 것을 각각 10개까지만 평가한다.
* 같은 아이디어가 반복되는 경우 1개의 아이디어로 평가한다.
* 적절한 아이디어라고 여겨지는 것의 수를 세어 다음 기준에 따라 점수를 부여한다.

아이디어의 수	점수
1~4개	1점
5~8개	2점
9~12개	3점
13~16개	4점
17~20개	5점

독창성(2점) : 아이디어가 얼마나 독특하고 창의적인가?
* 유창성, 융통성 점수를 받은 아이디어에 한해서 독창성 채점을 한다.
* 학생들의 답안을 토대로 흔한 아이디어 목록을 구성하고, 그에 포함되지 않는 아이디어의 수를 세어 다음 기준에 따라 점수를 부여한다.

아이디어의 수	점수
1개	1점
2개 이상	2점

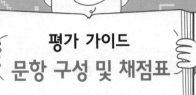

⑪ 창의성

평가 영역	과학 창의성
사고 영역	유창성, 융통성, 독창성

예시답안

물건	창의적 요소
에어컨	공기 온도를 낮추면서 습도조절, 공기청정 기능도 가지고 있다.
전동칫솔	양치질하기 적절한 시간인 3분이 지나면 자동으로 꺼진다.
도망가는 알람시계	잠에서 깨지 않으면 시계를 끌 수 없도록 시계가 움직인다.
청소하는 슬리퍼	슬리퍼 바닥에 걸레를 달아 걸어 다니면 청소가 된다.
자가 그려진 명함	급하게 자가 필요한 경우 활용할 수 있으므로 명함을 간직하게 된다.
소리가 나는 계단	계단을 건반처럼 소리가 나도록 만들어 사람들이 계단을 많이 이용할 수 있도록 한다.

채점 기준   총체적 채점

유창성, 융통성(5점) : 적절한 아이디어의 수와 범주
* 물건과 창의적 요소 1개를 아이디어 1개로 인정한다.
* 원래 용도를 설명한 경우는 아이디어로 평가하지 않는다.
* 같은 아이디어가 반복되는 경우 1개의 아이디어로 평가한다.
* 적절한 아이디어라고 여겨지는 것의 수를 세어 다음 기준에 따라 점수를 부여한다.

아이디어의 수	점수
1개	1점
2개	2점
3개	3점
4개	4점
5개	5점

독창성(2점) : 아이디어가 얼마나 독특하고 창의적인가?
* 유창성, 융통성 점수를 받은 아이디어에 한해서 독창성 채점을 한다.
* 학생들의 답안을 토대로 흔한 아이디어 목록을 구성하고, 그에 포함되지 않는 아이디어의 수를 세어 다음 기준에 따라 점수를 부여한다.

아이디어의 수	점수
1개	1점
2개 이상	2점

⑫ 창의성

평가 영역	과학 창의성
사고 영역	유창성, 융통성, 독창성

예시답안

① 클립이 가득 담긴 통에 자석을 넣었다가 뺀 후 자석에 붙어 나온 클립의 개수를 비교한다.

② 자석 주위에 철가루를 뿌려 자기장이 미치는 공간을 비교한다.

③ 자석에 클립을 붙이고 클립과 용수철저울을 연결해 클립이 떨어질 때 필요한 힘의 크기를 비교한다.

④ 마찰력이 일정한 바닥에서 자석이 끌고 갈 수 있는 물체의 무게를 비교한다.

⑤ 자석과 클립 사이에 두께가 일정한 우드락을 두고 자석이 클립을 움직이지 못할 때 필요한 우드락의 수를 비교한다.

⑥ 자석에 클립을 한 개 붙이고 클립에 클립을 이어 붙여 클립이 붙는 개수를 비교한다.

⑦ 자기 센서로 자기장의 세기를 측정하여 비교한다.

⑧ 자석을 클립에 가까이하면서 클립이 자석에 끌려오기 시작한 거리를 비교한다.

해설

자기력은 자석과 자석 또는 자석과 쇠붙이 사이에 작용하는 힘이다. 자석의 다른 극 사이에서는 서로 끌어당기고, 같은 극 사이에서는 서로 밀어낸다. 자기력은 물체와 떨어져 있어도 작용하고 극에서 가장 크며, 자석의 세기가 셀수록, 거리가 가까울수록 커진다.

채점 기준   총체적 채점

유창성, 융통성(5점) : 적절한 아이디어의 수와 범주

* 자석의 세기를 객관적으로 비교할 수 있는 방법으로 적절한 것만 아이디어로 평가한다.
* 같은 아이디어가 반복되는 경우 1개의 아이디어로 평가한다.
* 적절한 아이디어라고 여겨지는 것의 수를 세어 다음 기준에 따라 점수를 부여한다.

아이디어의 수	점수
1개	1점
2개	2점
3개	3점
4개	4점
5개	5점

독창성(2점) : 아이디어가 얼마나 독특하고 창의적인가?

* 유창성, 융통성 점수를 받은 아이디어에 한해서 독창성 채점을 한다.
* 학생들의 답안을 토대로 흔한 아이디어 목록을 구성하고, 그에 포함되지 않는 아이디어의 수를 세어 다음 기준에 따라 점수를 부여한다.

아이디어의 수	점수
1개	1점
2개 이상	2점

⑬ 사고력

평가 영역	사고력
사고 영역	과학 사고력

모범답안

[좋은 점] 콘크리트만 있는 구간보다 자갈이 깔려 있는 구간이 소음이 작게 난다.

[이유] 자갈이 깔려 있는 구간에서는 소리가 자갈에 부딪쳐서 흡수되기 때문이다.

해설

기차 바퀴와 레일의 마찰로 생긴 진동은 높은 진동수의 소음이다. 소리가 평평한 콘크리트에 부딪히면 그대로 주위로 반사되면서 퍼져나가지만, 자갈이 깔려 있으면 소리가 자갈 사이로 부딪치면서 흡수된다. 또한, 자갈은 폭우 때 배수가 잘되게 하고 기찻길 주변에 풀이 자라는 것을 막는다.

채점 기준   요소별 채점

과학 사고력(5점)

채점 기준	점수
소음이 작다고만 적은 경우	2점
소리가 흡수된다고 원인을 적은 경우	3점

14 융합 사고력

평가 영역	융합 사고력-과학
사고 영역	문제 파악 능력, 문제 해결 능력

예시답안

(1)

① 빗물에 떠내려온 토사나 비닐 등이 다리 교각에 걸려 물의 흐름을 막으면 폭우에 하천이 범람할 위험이 있다.

② 식수로 사용하는 강으로 쓰레기가 유입되면 식수가 오염될 수 있다.

③ 빗물에 젖은 많은 쓰레기가 폭염에 빠르게 부패하면서 악취가 발생할 수 있다.

④ 빗물에 젖은 많은 쓰레기가 폭염에 빠르게 부패하면서 세균과 곰팡이가 번식할 수 있다.

⑤ 빗물에 젖은 많은 쓰레기가 폭염에 빠르게 부패하면서 전염병이 발생할 수 있다.

⑥ 빗물에 젖은 많은 쓰레기가 폭염에 빠르게 부패하면서 침출수가 흘러 주변을 오염시킬 수 있다.

해설

수해 쓰레기는 배출량이 워낙 많아 처리가 늦어지면 폭염에 쓰레기가 부패하여 악취가 발생하고 장티푸스나 말라리아 등 수인성 전염병 발생의 원인이 될 수 있다.

채점 기준 총체적 채점

문제 파악 능력(3점) : 적절한 아이디어의 수와 범주

채점 기준	점수
문제점을 1가지 서술한 경우	1점
문제점을 2가지 서술한 경우	3점

예시답안

(2)
① 인력을 총동원하여 최대한 빨리 치운다.
② 재활용이 가능한 쓰레기는 빗물을 말린 후 처리한다.
③ 빗물에 젖은 쓰레기를 살균, 소독하여 전염병이 발생하지 않도록 한다.
④ 수해 쓰레기를 매립한 후 비닐 차단막과 덮개를 설치해 빗물이 추가로 유입되지 않도록 한다.
⑤ 수해 쓰레기가 부패하여 생긴 침출수가 주위로 흘러나가지 않도록 흙을 더 많이 덮는다.
⑥ 간이소각기를 추가 설치하여 수해 쓰레기를 태워 없앤다.
⑦ 수해 쓰레기 처리를 이웃 지역과 함께 한다.

해설

수해 쓰레기에 의한 2차 피해를 줄이기 위해서는 수해 쓰레기를 최대한 빨리 치워야 한다. 수해 쓰레기가 부패하면서 악취와 전염병이 발생할 수 있으므로 탈취, 살균, 방역 작업을 강화해야 한다. 또한, 수해 쓰레기를 매립(흙 두께 70 cm)할 때는 일반 쓰레기를 매립(흙 두께 50 cm)할 때보다 흙을 더 많이 덮어 침출수가 주변을 오염시키는 것을 막고, 매립 후 비닐 차단막과 덮개를 설치해 빗물이 유입되는 것을 차단해야 한다.

채점 기준 총체적 채점

문제 해결 능력(7점)
* 수해 쓰레기가 일으키는 문제점을 해결할 수 있는 방법으로 적절한 것만 아이디어로 평가한다.
* 같은 아이디어가 반복되는 경우 1개의 아이디어로 평가한다.
* 적절한 아이디어라고 여겨지는 것의 수를 세어 다음 기준에 따라 점수를 부여한다.

아이디어의 수	점수		3개	3점
1개	1점		4개	5점
2개	2점		5개	7점

평가 영역 문항	창의성		사고력		융합 사고력	
	유창성, 융통성	독창성	수학 사고력	과학 사고력	문제 파악 능력	문제 해결 능력
01	점	점				
02	점					
03	점					
04	점					
05	점	점				
06				점		
07					점	점
08	점					
09	점	점				
10	점					
11	점					
12	점					
13				점		
14					점	점

평가 영역별 점수	유창성, 융통성	독창성	수학 사고력	과학 사고력	문제 파악 능력	문제 해결 능력
	창의성		사고력		융합 사고력	
	/ 70점		/ 10점		/ 20점	
			총점			

● 평가 결과에 따른 학습 방향

창의성
- **50점 이상** 보다 독창성 있는 아이디어를 내는 연습을 하세요.
- **35~49점** 다양한 관점의 아이디어를 더 내는 연습을 하세요.
- **35점 미만** 적절한 아이디어를 더 내는 연습을 하세요.

사고력
- **6점 이상** 교과 개념과 연관된 응용문제로 문제 적응력을 기르세요.
- **6점 미만** 틀린 문항과 관련된 교과 개념을 다시 공부하세요.

융합 사고력
- **15점 이상** 답안을 보다 구체적으로 작성하는 연습을 하세요.
- **10~14점** 문제 해결 방안의 아이디어를 다양하게 내는 연습을 하세요.
- **10점 미만** 실생활과 관련된 기사로 수학·과학적 사고를 확장하는 연습을 하세요.

01 **창의성**

평가 영역	일반 창의성
사고 영역	유창성, 융통성, 독창성

예시답안

① 발가락은 무거운 몸을 지탱하기 때문에 손가락이 더 행복하다.

② 사랑하는 사람을 만질 수 있기 때문에 손가락이 더 행복하다.

③ 발가락보다 자주 씻기 때문에 손가락이 더 행복하다.

④ 손가락을 걸어 약속할 수 있기 때문에 손가락이 더 행복하다.

⑤ 여러 물건을 만져보는 것과 같은 다양한 경험을 할 수 있기 때문에 손가락이 더 행복하다.

⑥ 손가락보다 다양한 일을 하지 않아도 되기 때문에 발가락이 더 행복하다.

⑦ 손가락보다 날카로운 물건 때문에 베이는 경우가 적기 때문에 발가락이 더 행복하다.

⑧ 양말이나 신발 속에서 따뜻하게 지낼 수 있기 때문에 발가락이 더 행복하다.

⑨ 발가락보다 감각이 더 예민하기 때문에 손가락이 더 행복하다.

⑩ 발가락 씨름 대회에 참가할 수 있기 때문에 발가락이 더 행복하다.

⑪ 가려운 부분을 쉽게 긁을 수 있기 때문에 손가락이 더 행복하다.

⑫ 반지를 낄 수 있기 때문에 손가락이 더 행복하다.

⑬ 청각장애인의 말이 되어 주고 시각장애인의 눈이 되어 주기 때문에 손가락이 더 행복하다.

채점 기준   총체적 채점

유창성, 융통성(5점) : 적절한 아이디어의 수와 범주

* 어느 것을 선택하든 이유가 적절하면 아이디어로 평가한다.
* 같은 아이디어가 반복되는 경우 1개의 아이디어로 평가한다.
* 적절한 아이디어라고 여겨지는 것의 수를 세어 다음 기준에 따라 점수를 부여한다.

아이디어의 수	점수
1~3개	1점
4~5개	2점
6~7개	3점
8~9개	4점
10개	5점

독창성(2점) : 아이디어가 얼마나 독특하고 창의적인가?

* 유창성, 융통성 점수를 받은 아이디어에 한해서 독창성 채점을 한다.
* 학생들의 답안을 토대로 흔한 아이디어 목록을 구성하고, 그에 포함되지 않는 아이디어의 수를 세어 다음 기준에 따라 점수를 부여한다.
* 감각적, 감성적 아이디어에는 독창성 점수를 부여한다.

아이디어의 수	점수
1개	1점
2개 이상	2점

② 창의성

평가 영역	일반 창의성
사고 영역	유창성, 융통성

예시답안

① 물건값을 잘못 계산했기 때문이다.

② 예은이가 물건을 두고 나왔기 때문이다.

③ 예은이가 거스름돈을 받지 않고 나왔기 때문이다.

④ 예쁜 예은이의 전화번호를 물어보기 위해서이다.

⑤ 예은이가 가진 예쁜 지갑을 어디에서 샀는지 물어보기 위해서이다.

⑥ 예은이가 가지고 나온 우유가 상한 우유인지 확인하기 위해서이다.

⑦ 예은이가 자신이 알고 있는 사람과 닮아 물어보기 위해서이다.

⑧ 예은이가 낸 돈이 위조지폐였기 때문이다.

⑨ 예은이가 2+1 제품을 사고 2개만 가지고 왔기 때문이다.

⑩ 갑자기 배가 아파 예은이와 친구에게 잠시만 편의점을 지켜달라고 부탁하기 위해서이다.

⑪ 지나가는 오토바이에 부딪칠까 봐 도와주기 위해서이다.

⑫ 예은이 집으로 온 택배가 있어서 전해주기 위해서이다.

채점 기준 총체적 채점

유창성, 융통성(7점) : 적절한 아이디어의 수와 범주

★ 예은이를 부른 이유로 적절한 것만 아이디어로 평가한다.

★ 같은 아이디어가 반복되는 경우 1개의 아이디어로 평가한다.

★ 적절한 아이디어라고 여겨지는 것의 수를 세어 다음 기준에 따라 점수를 부여한다.

아이디어의 수	점수		
1~2개	1점	7개	4점
3~4개	2점	8개	5점
5~6개	3점	9개	6점
		10개	7점

03 창의성

평가 영역	수학 창의성
사고 영역	유창성

예시답안

[7이 되는 식의 개수] 21가지

[풀이 과정]

① 숫자 1만 사용해 식을 만든 경우-1가지

1+1+1+1+1+1+1=7

② 5개의 숫자 1과 1개의 숫자 2를 사용해 식을 만든 경우-6가지

2+1+1+1+1+1=7   1+2+1+1+1+1=7   1+1+2+1+1+1=7
1+1+1+2+1+1=7   1+1+1+1+2+1=7   1+1+1+1+1+2=7

③ 3개의 숫자 1과 2개의 숫자 2를 사용해 식을 만든 경우-10가지

2+2+1+1+1=7   2+1+2+1+1=7   2+1+1+2+1=7
2+1+1+1+2=7   1+2+2+1+1=7   1+2+1+2+1=7
1+2+1+1+2=7   1+1+2+2+1=7   1+1+2+1+2=7
1+1+1+2+2=7

④ 1개의 숫자 1과 3개의 숫자 2를 사용해 식을 만든 경우-4가지

2+2+2+1=7   2+2+1+2=7   2+1+2+2=7
1+2+2+2=7

채점 기준   총체적 채점

유창성(7점) : 적절한 아이디어의 수와 범주

* 1, 2, +만 사용하여 만든 식의 계산 결과가 7이 되는 것만 아이디어로 평가한다.

* 적절한 아이디어라고 여겨지는 것의 수를 세어 다음 기준에 따라 점수를 부여한다.

아이디어의 수	점수			
1~13개	1점		18개	4점
14~15개	2점		19개	5점
16~17개	3점		20개	6점
			21개	7점

창의성

평가 영역	수학 창의성
사고 영역	유창성, 융통성

예시답안

① 삼각형으로 집을 지으면 재료가 많이 필요하기 때문이다.

② 삼각형으로 집을 지으면 집안으로 벌이 들어가기 위해 훨씬 큰 삼각형을 만들어야 하기 때문이다.

③ 사각형으로 집을 지으면 육각형으로 만들 때보다 쉽게 부서질 수 있기 때문이다.

④ 오각형을 이어 붙여서는 빈틈없는 집을 만들 수 없기 때문이다.

⑤ 원을 이어 붙여서는 빈틈없는 집을 만들 수 없기 때문이다.

⑥ 육각형이 빈틈없이 채워지는 도형 중에서 가장 공간이 넓은 도형이기 때문이다.

해설

벌은 원 모양의 벌집을 만들고 난 후 체온으로 밀랍을 데운다. 밀랍의 온도가 45 ℃가 되면 말랑말랑한 상태가 되는데, 이때 다른 공간의 면 3개가 맞닿아 있는 부분에서 표면 장력이 작용하면서 원 모양이 육각형 모양으로 변한다.

채점 기준 총체적 채점

유창성, 융통성(7점) : 적절한 아이디어의 수와 범주

* 꿀벌이 다른 모양으로 집을 짓지 않는 이유로 적절한 것만 아이디어로 평가한다.

* 같은 아이디어가 반복되는 경우 1개의 아이디어로 평가한다.

* 적절한 아이디어라고 여겨지는 것의 수를 세어 다음 기준에 따라 점수를 부여한다.

아이디어의 수	점수		3개	3점
1개	1점		4개	5점
2개	2점		5개	7점

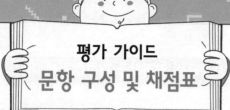

05 창의성

평가 영역	수학 창의성
사고 영역	유창성, 독창성

예시답안

① 1+2+3+4+2=12

② 6+6=12

③ 4+5+6-3=12

④ 6-5+4-3+2-1+3+6=12

⑤ 34-22=12

⑥ 654-642=12

⑦ 1234-1222=12

⑧ 123-56-55=12

⑨ 1+2+3+4+5+6-1-2-3-4+1=12

⑩ 1+1-2+1+1+1-3+1+1+1+1-4+1+1+1+1+1-5+1+1+1+1+1+1-6+12=12

⑪ 123456-123444=12

⑫ 123446-123434=12

⑬ 1+2+3+4+5+6-2-3-4=12

채점 기준   총체적 채점

유창성(5점) : 적절한 아이디어의 수와 범주

* 1, 2, 3, 4, 5, 6, +, -, =로 만든 식의 계산 결과가 12가
  되는 경우만 아이디어로 평가한다.

* 적절한 아이디어라고 여겨지는 것의 수를 세어 다음 기준에
  따라 점수를 부여한다.

아이디어의 수	점수
1~3개	1점
4~6개	2점
7~8개	3점
9개	4점
10개	5점

독창성(2점) : 아이디어가 얼마나 독특하고 창의적인가?

아이디어의 수	점수
수를 연결하여 다양한 자리의 수를 사용한 경우	1점
+와 -를 모두 사용한 경우	1점

⑥ 사고력

평가 영역	사고력
사고 영역	수학 사고력

모범답안

817

해설

조건 ①과 ②로부터 구하는 수에 2를 더한 수는 7과 9의 공배수임을 알 수 있다.

7과 9의 공배수는 63, 126, 189, 252, …, 819, 882, 945이고,

이 수에서 2를 뺀 수는 61, 124, 187, 250, …, 817, 880, 943이다.

이 중 5로 나누면 2가 남는 수는 일의 자리 숫자가 2 또는 7이므로 가장 큰 세 자리 수는 817이다.

채점 기준 요소별 채점

수학 사고력(5점)

채점 기준	점수
답을 정확히 구한 경우	5점

07 융합 사고력

평가 영역	융합 사고력–수학
사고 영역	문제 파악 능력, 문제 해결 능력

모범답안

(1)
[처음 엘리베이터를 탄 층] 지하 2층

[풀이 과정]
지후가 도착한 2층부터 이동한 층을 거꾸로 확인한다.

2층에서 세 층을 올라가면 5층이다.

5층에서 두 층을 내려가면 3층이다.

3층에서 네 층을 올라가면 7층이다.

7층에서 두 층과 다섯 층을 내려가면 지하 1층이다.

지하 1층에서 세 층을 올라가면 3층이다.

3층에서 네 층을 내려오면 지하 2층이다.

채점 기준   요소별 채점

문제 파악 능력(3점)

채점 기준	점수
답을 정확히 구한 경우	2점
풀이 과정을 바르게 서술한 경우	1점

예시답안

(2)

① 엘리베이터를 더 많이 만든다.

② 엘리베이터의 이동 속도를 더 빠르게 한다.

③ 엘리베이터의 문이 더 빨리 열리고 닫히도록 한다.

④ 홀수 층과 짝수 층을 나누어 엘리베이터를 운영한다.

⑤ 저층, 중층, 고층으로 엘리베이터를 나누어 운영한다.

⑥ 엘리베이터를 이용하는 사람이 적을 때 이용한다.

⑦ 자신이 가고자 하는 층을 미리 입력하면 같은 층에 가는 사람들만 모아 엘리베이터를 탈 수 있도록 안내해 주는 프로그램을 만든다.

⑧ 엘리베이터를 더 크게 만들어 한 번에 탈 수 있는 사람 수를 늘린다.

채점 기준   총체적 채점

문제 해결 능력(7점)

∗ 절대적인 시간을 줄이는 방법으로 적절한 것만 아이디어로 평가한다.

∗ 엘리베이터를 없애는 것과 같은 부정적인 답은 아이디어로 평가하지 않는다.

∗ 같은 아이디어가 반복되는 경우 1개의 아이디어로 평가한다.

∗ 적절한 아이디어라고 여겨지는 것의 수를 세어 다음 기준에 따라 점수를 부여한다.

아이디어의 수	점수		3개	3점
1개	1점		4개	5점
2개	2점		5개	7점

08 창의성

평가 영역	일반 창의성
사고 영역	유창성, 융통성

예시답안

⑤	교과서	—	축구공	—	공부	—	축구
⑥	축구	—	구기	—	접영	—	수영

⑤	카메라	—	이어폰	—	사진	—	음악 감상
⑥	버스	—	자동차	—	한국	—	아시아

⑤	운동	—	도마	—	건강	—	요리
⑥	냉장고	—	가전제품	—	사과	—	과일

해설

①과 ③의 세 번째와 네 번째 단어는 첫 번째와 두 번째 단어를 이용해서 할 수 있는 것이다.
②와 ④의 두 번째와 네 번째 단어는 첫 번째와 세 번째 단어를 포함하는 넓은 의미의 단어이다.

채점 기준　총체적 채점

유창성, 융통성(7점) : 적절한 아이디어의 수와 범주
* ⑤는 도구와 목적, ⑥은 포함 관계에 따른 단어를 배열한 것만 아이디어로 평가한다.
* 각 번호별로 4개의 단어가 모두 적절한 경우만 아이디어 1개로 평가한다.
* 같은 아이디어가 반복되는 경우 1개의 아이디어로 평가한다.
* 적절한 아이디어라고 여겨지는 것의 수를 세어 다음 기준에 따라 점수를 부여한다.

아이디어의 수	점수		아이디어의 수	점수
1개	1점		4개	4점
2개	2점		5개	5점
3개	3점		6개	7점

⑨ 창의성

평가 영역	일반 창의성
사고 영역	유창성, 융통성, 독창성

예시답안

① 초를 사서 빛으로 방을 가득 채운다.

② 색종이로 종이꽃을 만들어 어머니께 달아드린다. 방에 사랑이 가득 찬다.

③ 방향제를 사서 방 안을 향기로 가득 채운다.

④ 방문에 방의 이름을 만들어 붙인다. 방에 새로움이 가득 찬다.

⑤ 소리 나는 장난감을 사서 방 안을 소리로 가득 채운다.

⑥ 음원을 사서 음악을 틀어 방 안을 아름다운 음악으로 가득 채운다.

⑦ 물티슈를 사서 청소를 한다. 방 안에 깨끗함이 가득 찬다.

⑧ 방 안에 친구들을 모아놓고 동전 마술 공연을 한다. 방 안에 즐거움이 가득 찬다.

⑨ 물감을 사서 벽에 아름다운 그림을 그린다. 방에 아름다움이 가득 찬다.

⑩ 공포 영화를 다운로드 받은 후 틀어 방 안을 공포로 가득 채운다.

⑪ 병아리를 사서 새 생명으로 방을 가득 채운다.

⑫ 재미있는 만화를 다운로드 받은 후 본다. 방 안에 웃음이 가득 찬다.

채점 기준   총체적 채점

유창성, 융통성(5점) : 적절한 아이디어의 수와 범주

* 물건 1가지를 1개의 아이디어로 평가한다.

* 1,000원으로 살 수 없거나 공짜인 것은 아이디어로 평가하지 않는다.

* 같은 아이디어가 반복되는 경우 1개의 아이디어로 평가한다.

* 적절한 아이디어라고 여겨지는 것의 수를 세어 다음 기준에 따라 점수를 부여한다.

아이디어의 수	점수
1~3개	1점
4~5개	2점
6~7개	3점
8~9개	4점
10개	5점

독창성(2점) : 아이디어가 얼마나 독특하고 창의적인가?

* 유창성, 융통성 점수를 받은 아이디어에 한해서 독창성 채점을 한다.

* 학생들의 답안을 토대로 흔한 아이디어 목록을 구성하고, 그에 포함되지 않는 아이디어의 수를 세어 다음 기준에 따라 점수를 부여한다.

* 감각적, 감성적 아이디어에는 독창성 점수를 부여한다.

아이디어의 수	점수
1개	1점
2개 이상	2점

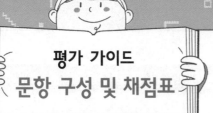

❿ 창의성

평가 영역	과학 창의성
사고 영역	유창성, 융통성

예시답안

① 자신이 원하는 기능만 넣어 크기와 모양을 정할 수 있는 스마트폰이 만들어질 것이다.

② 컴퓨터를 대신할 만큼 뛰어난 성능과 크기의 스마트폰이 만들어질 것이다.

③ 스마트폰에 손을 대지 않고 말로 스마트폰의 모든 기능을 작동시킬 수 있게 될 것이다.

④ 기술 발전으로 1달에 1번만 충전해서 사용할 수 있는 스마트폰이 만들어질 것이다.

⑤ 접을 수 있거나 돌돌 말 수 있는 스마트폰이 만들어질 것이다.

⑥ 홀로그램을 이용하여 입체적으로 영상통화를 할 수 있을 것이다.

⑦ 동물의 언어를 번역해주는 스마트폰이 만들어질 것이다.

⑧ 스마트폰 찾기 기능이 발전하여 스마트폰을 잃어버려도 쉽게 찾을 수 있을 것이다.

채점 기준 총체적 채점

유창성, 융통성(7점) : 적절한 아이디어의 수와 범주

* 기술 발전과 필요에 의해 발전된 스마트폰의 모습으로 적절한 것만 아이디어로 평가한다.

* 현재 활용 가능한 기능이나 긍정적인 발전 방향이 아닌 것은 아이디어로 평가하지 않는다.

* 같은 아이디어가 반복되는 경우 1개의 아이디어로 평가한다.

* 적절한 아이디어라고 여겨지는 것의 수를 세어 다음 기준에 따라 점수를 부여한다.

아이디어의 수	점수			
			3개	3점
1개	1점		4개	5점
2개	2점		5개	7점

⑪ 창의성

평가 영역	과학 창의성
사고 영역	유창성

예시답안

① 주변과 비슷한 색의 피부나 털을 가져 눈에 잘 띄지 않도록 한다.

② 무리 생활하여 천적에게 공격받을 확률을 줄인다.

③ 주변을 살피는 보초병을 세워 위험을 알린다.

④ 천적이 접근하기 어려운 절벽이나 높은 산에서 산다.

⑤ 천적의 접근을 쉽게 알아챌 수 있도록 넓은 평지에서 산다.

⑥ 날카로운 뿔이나 강력한 뒷발로 천적을 공격한다.

⑦ 한곳에 머무르지 않고 이동하며 산다.

⑧ 천적이 접근하는 소리를 잘 들을 수 있도록 큰 귀와 뛰어난 청력을 가진다.

⑨ 천적의 냄새를 잘 맡을 수 있도록 뛰어난 후각을 가진다.

⑩ 천적을 만나면 빨리 달려서 천적을 따돌린다.

⑪ 천적이 싫어하는 냄새를 풍긴다.

채점 기준 총체적 채점

유창성(7점) : 적절한 아이디어의 수와 범주

* 초식동물이 살아남기 위한 행동과 진화 방법으로 적절한 것만 아이디어로 평가한다.

* 적절한 아이디어라고 여겨지는 것의 수를 세어 다음 기준에 따라 점수를 부여한다.

아이디어의 수	점수		7개	4점
1~2개	1점		8개	5점
3~4개	2점		9개	6점
5~6개	3점		10개	7점

⑫ 창의성

평가 영역	과학 창의성
사고 영역	유창성, 융통성

예시답안

① 병에는 식초, 풍선에는 소다를 넣은 후 풍선을 병에 씌우고 풍선을 들어 올려 소다와 식초를 반응시키면 풍선이 부풀어 오른다.

② 풍선이 씌워진 빈 병을 뜨거운 물에 담그면 풍선이 부풀어 오른다.

③ 빈 병에 끓는 물을 넣고 풍선을 씌우면 풍선이 부풀어 오른다.

④ 빈 병을 냉동실에 넣었다가 꺼낸 다음 풍선을 씌우고 손으로 따뜻하게 감싸면 풍선이 부풀어 오른다.

⑤ 풍선이 씌워진 병에 구멍을 내고 빨대를 꽂은 후 빨대로 공기를 불어 넣으면 풍선이 부풀어 오른다.

⑥ 풍선이 씌워진 병을 진공 펌프에 넣고 공기를 빼면 풍선이 부풀어 오른다.

⑦ 풍선의 씌워진 병을 누르면 풍선이 부풀어 오른다.

⑧ 병에 드라이아이스를 넣고 풍선을 씌우면 풍선이 부풀어 오른다.

해설

① 식초와 소다가 반응하면 이산화 탄소 기체가 생기므로 부피가 팽창하여 풍선이 부풀어 오른다.

②, ④ 병 안의 공기를 데우면 부피가 팽창하여 풍선이 부풀어 오른다.

③ 끓는 물에서 수증기가 생기므로 부피가 팽창하여 풍선이 부풀어 오른다.

⑤ 병 안에 공기를 불어 넣으면 부피가 팽창하여 풍선이 부풀어 오른다.

⑥ 풍선이 씌워진 병을 진공 펌프에 넣은 후 공기를 빼면 외부 압력이 낮아지므로 병 안의 공기 부피가 팽창하여 풍선이 부풀어 오른다.

⑦ 병을 누르면 병 안의 공기가 풍선으로 밀려 올라가 풍선이 부풀어 오른다.

⑧ 드라이아이스가 기체로 바뀌면서 풍선이 부풀어 오른다.

채점 기준 ┃ 총체적 채점

유창성, 융통성(7점) : 적절한 아이디어의 수와 범주

* 풍선이 부풀어 오르지 않는 방법은 아이디어로 평가하지 않는다.
* 같은 아이디어가 반복되는 경우 1개의 아이디어로 평가한다.
* 적절한 아이디어라고 여겨지는 것의 수를 세어 다음 기준에 따라 점수를 부여한다.

아이디어의 수	점수		3개	3점
1개	1점		4개	5점
2개	2점		5개	7점

⑬ 사고력

평가 영역	사고력
사고 영역	과학 사고력

모범답안

달에 비치는 지구 그림자의 모양이 둥근 모양이므로 지구는 둥글다.

해설

월식은 달과 태양 사이에 지구가 위치할 때, 즉 태양−지구−달이 일직선상에 놓일 때, 지구 그림자에 의해 달이 가려지는 현상이다. 달 전체가 지구 본그림자에 가려지는 현상을 개기월식이라 하고, 달의 일부분이 지구의 본그림자에 가려지는 현상을 부분월식이라 한다. 이때 달이 가려지는 모양이 둥근 모양이므로 지구는 둥글다는 것을 알 수 있다.

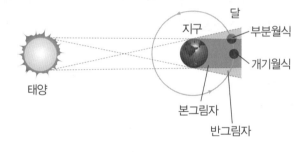

채점 기준　요소별 채점

과학 사고력(5점)

채점 기준	점수
설명 방법을 바르게 서술한 경우	5점

⑭ 융합 사고력

평가 영역	융합 사고력−과학
사고 영역	문제 파악 능력, 문제 해결 능력

모범답안

(1) 소리는 공기뿐만 아니라 바닥, 벽, 천장을 통해 전달되기 때문이다.

해설

소리는 물체의 진동으로 생기고, 공기, 벽, 천장 등 주위 물체가 좌우로 진동하며 소리를 전달한다. 공기를 통해 전달된 소리가 우리 귓속의 고막을 진동시키면 소리를 들을 수 있다. 소리는 공기뿐만 아니라 액체와 고체를 통해서도 전달된다. 소리가 전달되는 속도는 고체가 가장 빠르고, 액체, 기체 순서로 느려진다. 소리는 1초에 철봉에서는 5,200 m, 나무에서는 4,300 m, 물에서는 1,500 m, 공기에서는 340 m 이동한다.

채점 기준   요소별 채점

문제 파악 능력(3점)

채점 기준	점수
소리가 전달된다고만 서술한 경우	1점
소리가 물질을 통해 전달된다고 서술한 경우	3점

예시답안

(2)

① 바닥에 충격을 흡수할 수 있는 매트를 깐다.

② 실내용 슬리퍼를 신는다.

③ 세탁기나 청소기처럼 소음이 큰 가전제품은 낮에 사용한다.

④ 악기 연주나 운동 기구 사용은 낮에만 한다.

⑤ 가구 바닥에 소음 방지 패드를 붙인다.

⑥ 소리를 흡수할 수 있는 소재를 벽에 붙인다.

⑦ 아파트 지상에 주차장을 없애고 아이들이 뛰어놀 수 있는 공간을 많이 만든다.

⑧ 층간소음을 지속해서 일으키면 벌금을 많이 내게 한다.

⑨ 이웃 주민들과 함께 소음을 일으키는 행동을 할 수 있는 시간을 정한다.

⑩ 건설사들이 방음 시공을 철저하게 한다.

⑪ 층간소음에 대한 피해를 교육해서 서로 조심하게 한다.

⑫ 실내에서 뛰지 않고, 천천히 걷는다.

⑬ TV나 영화를 볼 때 소리를 너무 크게 하지 않는다.

해설

공동주택이 많은 나라에서 층간소음 문제는 계속해서 논란이 되고 있으며, 주로 법으로 층간소음 문제를 해결하고 있다. 막대한 벌금을 물리기도 하고, 세세하게 기준을 만들기도 한다. 독일의 경우 소음을 일으키는 화장실 배수나 악기 연주 등을 밤 10시부터 오전 7시까지는 아예 못하게 하고 있다. 또한, 못 박기, 집수리 등도 월요일부터 토요일까지 시간을 정해놓고 그 시간에만 가능하도록 하고 있고 이것을 지키지 않으면 많은 벌금을 물게 한다. 우리나라도 피해 기간과 소음 정도에 따라 층간소음 배상액이 30만 원~110만 원 정도로 책정되어 있다.

채점 기준 총체적 채점

문제 해결 능력(7점)

* 층간 소음을 줄일 수 있는 방법으로 적절한 것만 아이디어로 평가한다.
* 같은 아이디어가 반복되는 경우 1개의 아이디어로 평가한다.
* 적절한 아이디어라고 여겨지는 것의 수를 세어 다음 기준에 따라 점수를 부여한다.

아이디어의 수	점수		3개	3점
1개	1점		4개	5점
2개	2점		5개	7점

평가 가이드
문항 구성 및 채점표

3회

평가 영역 / 문항	창의성		사고력		융합 사고력	
	유창성, 융통성	독창성	수학 사고력	과학 사고력	문제 파악 능력	문제 해결 능력
01	점					
02	점	점				
03	점					
04	점					
05	점					
06			점			
07					점	점
08	점	점				
09	점					
10	점					
11	점					
12	점					
13				점		
14					점	점

평가 영역별 점수	유창성, 융통성	독창성	수학 사고력	과학 사고력	문제 파악 능력	문제 해결 능력
	창의성		사고력		융합 사고력	
	/ 70점		/ 10점		/ 20점	

	총점	

● 평가 결과에 따른 학습 방향

창의성	50점 이상	보다 독창성 있는 아이디어를 내는 연습을 하세요.
	35~49점	다양한 관점의 아이디어를 더 내는 연습을 하세요.
	35점 미만	적절한 아이디어를 더 내는 연습을 하세요.

사고력	6점 이상	교과 개념과 연관된 응용문제로 문제 적응력을 기르세요.
	6점 미만	틀린 문항과 관련된 교과 개념을 다시 공부하세요.

융합 사고력	15점 이상	답안을 보다 구체적으로 작성하는 연습을 하세요.
	10~14점	문제 해결 방안의 아이디어를 다양하게 내는 연습을 하세요.
	10점 미만	실생활과 관련된 기사로 수학·과학적 사고를 확장하는 연습을 하세요.

① 창의성

평가 영역	일반 창의성
사고 영역	유창성, 융통성

예시답안

① 나주배는 맛있다. 요트는 배의 한 종류이다. 배가 아파 화장실에 다녀올게.

② 아직 공부의 감을 잡지 못했다. 말린 감을 곶감이라고 한다.

③ 발을 다쳐 걸을 수 없다. 양궁 선수는 과녁을 향해 활을 세 발 쏘았다. 발을 내려 문을 가린다.

④ 나무가 불에 탄다. 윤주가 자전거를 탄다. 물에 약을 탄다. 회사에서 월급을 탔다.

⑤ 종이에 풀을 칠한다. 밭에서 풀을 베다. 꾸중에 풀이 죽었다.

⑥ 예은이는 말을 잘한다. 승마는 말을 타는 스포츠이다. 쌀 한 말을 가지고 오너라. 윷을 던졌으니 말을 놓아라. 기말고사는 학기 말에 본다.

⑦ 강한 바람에 가로수가 쓰러졌다. 그의 바람은 아버지가 건강해지는 것이다. 무슨 바람이 불어 책상에 앉았니? 아내를 두고 바람을 피웠다.

⑧ 그 일은 힘에 부친다. 편지를 부치다. 전을 부치다. 더워서 부채를 부치다.

⑨ 나의 사과를 받아주겠니? 가을에 먹는 사과가 맛있다.

⑩ 서리가 내려 농작물이 생기가 없다. 요즘 수박 서리는 범죄다.

⑪ 코 먹은 소리를 낸다. 음식을 먹다.

⑫ 글씨를 쓰다. 모자를 쓰다. 약이 쓰다. 지우개는 지울 때 쓴다.

⑬ 팔월 추석이라 가지마다 수백 가지 열매가 주렁주렁 달려 있네.

⑭ 이 사과는 참 달고 맛나겠구나. 사방에서 너도 달라 나도 달라 하네.

⑮ 공원에서 강아지가 똥을 싸면 종이로 싸서 치워야 한다.

⑯ 내 동생은 눈이 예쁘다. 올겨울은 눈이 많이 온다.

⑰ 이 길이 서울로 이어지나요? 어찌해 볼 길이 없다.

⑱ 설악산에 단풍이 들었다. 안쌤의 수업을 들었다.

채점 기준 총체적 채점

유창성, 융통성(7점) : 적절한 아이디어의 수와 범주
* 소리는 같지만 뜻이 다른 단어(동음이의어)로 만든 문장만 아이디어로 평가한다.
* 같은 아이디어가 반복되는 경우 1개의 아이디어로 평가한다.
* 적절한 아이디어라고 여겨지는 것의 수를 세어 다음 기준에 따라 점수를 부여한다.

아이디어의 수	점수		
		7개	4점
1~2개	1점	8개	5점
3~4개	2점	9개	6점
5~6개	3점	10개	7점

평가 가이드
문항 구성 및 채점표

02 ## 창의성

평가 영역	일반 창의성
사고 영역	유창성, 융통성, 독창성

예시답안

① 마트에서 살 수 있다.
② 깨끗하게 하는 데 필요한 물건이다.
③ 욕실에서 볼 수 있는 물건이다.
④ 호텔에 가면 있는 물건이다.
⑤ 여행을 갈 때 챙겨야 하는 물건이다.
⑥ 이름이 두 글자(비누, 칫솔)이다.
⑦ 좋은 성분으로 만들수록 비싸다.
⑧ 사용할수록 닳는다.
⑨ 사용할 때(비누칠, 양치질) 거품이 난다.
⑩ 손으로 집어 사용한다.

⑪ 예쁜 모양일수록 비싸다.
⑫ 모양이 여러 가지이다.
⑬ 휴대용이 있다.
⑭ 천연재료로 만들 수 있다.
⑮ 냄새를 제거한다.
⑯ 한 손에 잡을 수 있도록 크기가 작다.
⑰ 물과 함께 사용한다.
⑱ 받침대에 보관하는 것이 좋다.

해설

'내가 좋아하는 것이다'처럼 객관적이지 않은 것은 답안으로 적절하지 않다.

채점 기준   총체적 채점

유창성, 융통성(5점) : 적절한 아이디어의 수와 범주
* 비누와 칫솔의 공통점으로 적절한 것만 아이디어로 평가한다.
* 같은 아이디어가 반복되는 경우 1개의 아이디어로 평가한다.
* 적절한 아이디어라고 여겨지는 것의 수를 세어 다음 기준에 따라 점수를 부여한다.

아이디어의 수	점수
1~3개	1점
4~5개	2점
6~7개	3점
8~9개	4점
10개	5점

독창성(2점) : 아이디어가 얼마나 독특하고 창의적인가?
* 유창성, 융통성 점수를 받은 아이디어에 한해서 독창성 채점을 한다.
* 학생들의 답안을 토대로 흔한 아이디어 목록을 구성하고, 그에 포함되지 않는 아이디어의 수를 세어 다음 기준에 따라 점수를 부여한다.

아이디어의 수	점수
1개	1점
2개 이상	2점

⑬ 창의성

평가 영역	수학 창의성
사고 영역	유창성, 융통성

예시답안

① 불가사리
② 중국 국기(오성기)
③ 별사탕
④ 중요 표시
⑤ 군인 계급
⑥ 머리를 강하게 맞았을 때 아이콘
⑦ 표창
⑧ 보안관 마크
⑨ 밤송이
⑩ 불꽃놀이
⑪ 눈 결정
⑫ 다이아몬드
⑬ 크리스마스 트리 별장식
⑭ 안개꽃
⑮ 빛나는 별을 표현할 때 아이콘
⑯ 피젯 스피너
⑰ 이스라엘 국기
⑱ 나침반
⑲ 참 잘했어요 별 도장
⑳ 케플러-푸앵소 다면체(오목정다면체)
㉑ 쟈스민 꽃
㉒ 박주가리 꽃
㉓ 꽃받침
㉔ 야광별 스티커
㉕ 고압전선이 서로 붙지 않도록 고정하는 스페이서 댐퍼
㉖ 십자 드라이버 끝
㉗ 별 모양 드라이버
㉘ 우산
㉙ 팔각나무 열매
㉚ 피타고라스 학파 심벌(별 모양의 오각형)

채점 기준　총체적 채점

유창성, 융통성(7점) : 적절한 아이디어의 수와 범주
* 물건 전체가 별 모양인 것 외에도 부분적으로 별 모양인 것도 1개의 아이디어로 평가한다.
* 누구나 그 물건을 떠올렸을 때, 별 모양이 떠오르는 객관적인 것만 아이디어로 평가한다.
* 별사탕, 별쿠키, 별지우개처럼 '별+물건'의 이름을 가진 물건은 1개의 아이디어로 평가한다.
* 같은 아이디어가 반복되는 경우 1개의 아이디어로 평가한다.
* 적절한 아이디어라고 여겨지는 것의 수를 세어 다음 기준에 따라 점수를 부여한다.

아이디어의 수	점수	15~17개	4점
1~5개	1점	18개	5점
6~10개	2점	19개	6점
11~14개	3점	20개	7점

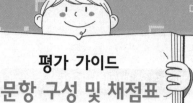

04 창의성

평가 영역	수학 창의성
사고 영역	유창성

예시답안

① 3−2=1 (cm)

② 2 cm

③ 3 cm

④ 9−3−2=4 (cm)

⑤ 2+3=5 (cm)

⑥ 9−3=6 (cm)

⑦ 9−2=7 (cm)

⑧ 9+2−3=8 (cm)

⑨ 9 cm

⑩ 9+3−2=10 (cm)

⑪ 9+2=11 (cm)

⑫ 9+3=12 (cm)

⑬ 9+3+2=14 (cm)

채점 기준 총체적 채점

유창성(7점) : 적절한 아이디어의 수와 범주

* 2 cm, 3 cm, 9 cm의 종이테이프로 측정할 수 있는 길이만 아이디어로 평가한다.

* 적절한 아이디어라고 여겨지는 것의 수를 세어 다음 기준에 따라 점수를 부여한다.

아이디어의 수	점수			
1~7개	1점		10개	4점
8개	2점		11개	5점
9개	3점		12개	6점
			13개	7점

05 창의성

평가 영역	수학 창의성
사고 영역	유창성

예시답안

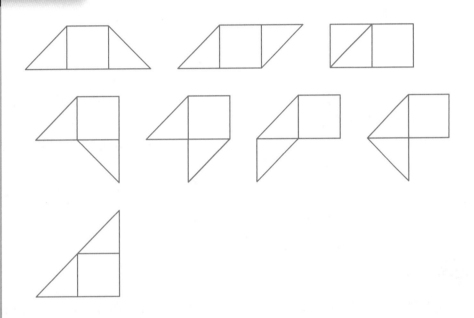

채점 기준 총체적 채점

유창성(7점) : 적절한 아이디어의 수와 범주

* 정사각형 1개와 직각이등변삼각형 2개로 만들 수 있는 도형만 아이디어로 평가한다.

* 적절한 아이디어라고 여겨지는 것의 수를 세어 다음 기준에 따라 점수를 부여한다.

아이디어의 수	점수		5개	4점
1~2개	1점		6개	5점
3개	2점		7개	6점
4개	3점		8개	7점

06 사고력

평가 영역	사고력
사고 영역	수학 사고력

모범답안

[규칙]

나열된 수를 세 개씩 묶으면 (1, 2, 3), (4, 6, 9), (9, 10, 27), (16, 14, 81), 25, …이다.

각 묶음의 첫 번째 수는 1=1×1, 4=2×2, 9=3×3, 16=4×4, …의 규칙이다.

각 묶음의 두 번째 수는 2, 6, 10, 14, …의 4씩 커지는 규칙이다.

각 묶음의 세 번째 수는 3, 9=3×3, 27=3×3×3, 81=3×3×3×3, …의 3배씩 커지는 규칙이다.

[20번째 수]

20번째 수는 20÷3=6…2이므로 7번째 묶음의 두 번째 수이다. 각 묶음의 두 번째 수는 2, 6, 10, 14, …의 4씩 커지는 규칙이므로 7번째 수는 2+4×6=26이다.

해설

세 번째 수마다 3, 9=3×3, 27=3×3×3, 81=3×3×3×3, …의 3배씩 커지므로 나열된 수를 3 개씩 묶을 수 있다.

채점 기준 요소별 채점

수학 사고력(5점)

채점 기준	점수
답을 정확히 구한 경우	2점
세 가지 규칙을 정확히 서술한 경우	3점

07 융합 사고력

평가 영역	융합 사고력-수학
사고 영역	문제 파악 능력, 문제 해결 능력

예시답안

(1)

[검은 돌의 개수] 28개

[흰 돌의 개수] 36개

[풀이 과정]

구분	1번째	2번째	3번째	4번째	5번째	6번째	7번째	8번째
검은 돌	1	1	6	6	15	15	28	28
흰 돌	0	3	3	10	10	21	21	36

또는 바둑돌을 배열하는 데 필요한 바둑돌의 수는 아래와 같다.

1번째 : 1

2번째 : 1+3

3번째 : 1+3+5

4번째 : 1+3+5+7

5번째 : 1+3+5+7+9

6번째 : 1+3+5+7+9+11

7번째 : 1+3+5+7+9+11+13

8번째 : 1+3+5+7+9+11+13+15

홀수 번째 수는 검은 돌이고, 짝수 번째 수는 흰 돌이므로

검은 돌의 개수 : 1+5+9+13=28(개)

흰 돌의 개수 : 3+7+11+15=36(개)이다.

채점 기준　요소별 채점

문제 파악 능력(3점)

채점 기준	점수
답을 정확히 구한 경우	1점
풀이 과정을 바르게 서술한 경우	2점

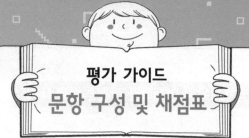

예시답안

(2)
① 선과 선이 평행하다.
② 선과 선이 직각으로 만난다.
③ 사각형이 규칙적으로 배열되어 있다.
④ 가로로 배열된 칸의 개수와 세로로 배열된 칸의 개수를 곱하면 전체 칸의 개수를 구할
　수 있다.
⑤ 사각형이 평면을 빈틈없이 채우는 테셀레이션을 찾을 수 있다.
⑥ 칸은 크기와 모양이 모두 같다.−합동
⑦ 반으로 접으면 같은 모양으로 겹쳐진다.−대칭
⑧ 작은 사각형을 합쳐 직사각형을 만들 수 있다.
⑨ 1~18배의 닮음비로 이루어진 다양한 크기의 정사각형을 찾을 수 있다.−닮음

채점 기준　총체적 채점

문제 해결 능력(7점)
* 바둑판에서 찾을 수 있는 수학적 원리로 적절한 것만 아이디어로 평가한다.
* 같은 아이디어가 반복되는 경우 1개의 아이디어로 평가한다.
* 적절한 아이디어라고 여겨지는 것의 수를 세어 다음 기준에 따라 점수를 부여한다.

아이디어의 수	점수		3개	3점
1개	1점		4개	5점
2개	2점		5개	7점

08 창의성

평가 영역	일반 창의성
사고 영역	유창성, 융통성, 독창성

예시답안

불편한 점	해결할 수 있는 방법
전선이 연결되어 있어 원하는 위치에 두기 어렵다.	배터리를 설치해 충전해서 사용한다.
들고 다닐 수 없다.	들고 다닐 수 있도록 휴대용으로 만든다.
겨울에는 쓸모가 없다.	발전기를 설치해 겨울에 바람이 불면 날개가 돌아가면서 전기를 만들 수 있게 한다.
에어컨처럼 찬바람이 나오지 않는다.	선풍기 날개 뒤쪽에 얼음을 담을 수 있는 통을 만들어 시원한 바람이 나오도록 한다.
바람과 함께 먼지가 날아온다.	선풍기 날개 뒤쪽에 먼지를 거를 수 있는 필터를 설치한다.
선풍기 날개 크기가 고정되어 있다.	날개를 접거나 펼칠 수 있게 한다.
날개에 먼지가 쌓이거나 붙는다.	먼지가 잘 붙지 않는 재질로 만든다.

채점 기준   총체적 채점

유창성, 융통성(5점) : 적절한 아이디어의 수와 범주
* 선풍기의 불편한 점과 불편한 점을 해결할 수 있는 방법을 모두 서술한 경우 1개의 아이디어로 평가한다.
* 이미 사용되는 기능은 아이디어로 평가하지 않는다.
* 같은 아이디어가 반복되는 경우 1개의 아이디어로 평가한다.
* 적절한 아이디어라고 여겨지는 것의 수를 세어 다음 기준에 따라 점수를 부여한다.

아이디어의 수	점수
1개	1점
2개	2점
3개	3점
4개	4점
5개	5점

독창성(2점) : 아이디어가 얼마나 독특하고 창의적인가?
* 유창성, 융통성 점수를 받은 아이디어에 한해서 독창성 채점을 한다.
* 학생들의 답안을 토대로 흔한 아이디어 목록을 구성하고, 그에 포함되지 않는 아이디어의 수를 세어 다음 기준에 따라 점수를 부여한다.

아이디어의 수	점수
1개	1점
2개 이상	2점

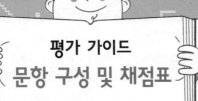
09 창의성

평가 영역	일반 창의성
사고 영역	유창성, 융통성

예시답안

① 털이 있는 동물과 없는 동물

② 날개가 있는 동물과 없는 동물

③ 다리가 있는 동물과 없는 동물

④ 이빨이 있는 동물과 없는 동물

⑤ 알을 낳는 동물과 새끼를 낳는 동물

⑥ 등뼈가 있는 동물과 등뼈가 없는 동물

⑦ 물속에 사는 동물과 물 밖에 사는 동물

⑧ 더듬이가 있는 동물과 없는 동물

⑨ 폐로 숨을 쉬는 동물과 아닌 동물

⑩ 체온이 일정한 동물과 체온이 변하는 동물

⑪ 비늘이 있는 동물과 없는 동물

⑫ 탈피를 하는 동물과 아닌 동물

⑬ 태어나서 젖을 먹는 동물과 아닌 동물

⑭ 겨울잠을 자는 동물과 아닌 동물

해설

분류 기준은 누가 분류하든지 같은 결과가 나오도록 명확하고 객관적이어야 한다. 또한, 분류 결과에서 동물이 중복되거나 빠진 동물이 있어서는 안 된다.

채점 기준   총체적 채점

유창성, 융통성(7점) : 적절한 아이디어의 수와 범주

* 누가 분류하든지 같은 결과가 나오는 기준만 아이디어로 평가한다.

* 같은 아이디어가 반복되는 경우 1개의 아이디어로 평가한다.

* 적절한 아이디어라고 여겨지는 것의 수를 세어 다음 기준에 따라 점수를 부여한다.

아이디어의 수	점수			
1~2개	1점		7개	4점
3~4개	2점		8개	5점
5~6개	3점		9개	6점
			10개	7점

⑩ 창의성

평가 영역	과학 창의성
사고 영역	유창성, 융통성

예시답안

① 두 비커에 달걀을 띄워 달걀이 잠긴 정도를 비교한다.

② 두 비커의 액체를 증발시켜 남는 물질을 확인한다.

③ 전선과 전구, 전지를 연결해 불이 켜지는지 확인한다.

④ 금붕어를 넣어본다.

⑤ 잉크를 떨어뜨려 퍼지는 속도를 비교한다.

⑥ 두 비커를 냉동실에 넣어 액체가 어는 온도를 확인한다.

⑦ 두 비커에 들어있는 같은 양의 액체에 더 이상 녹지 않을 만큼의 소금을 녹이고 녹은 소금의 양을 비교한다.

⑧ 두 액체에 손을 담그고 손이 쭈글쭈글해지는 정도를 비교한다.

⑨ 배춧잎을 넣어 시들한 정도를 비교한다.

⑩ 못을 넣어 녹이 생기는 정도를 비교한다.

⑪ 똑같은 양(부피)을 담아서 무게를 재어본다.

해설

① 달걀은 물보다 진한 소금물에서 더 많이 떠있다.

② 물은 증발시키면 아무것도 남지 않고, 소금물은 증발시키면 소금이 남는다.

③ 소금물은 전기가 통하므로 전구에 불이 켜지고 물에서는 켜지지 않는다.

④ 금붕어는 소금물에서 오랫동안 살지 못한다.

⑤ 잉크는 진한 소금물에서 더 느리게 퍼진다.

⑥ 진한 소금물이 물보다 더 낮은 온도에서 언다.

⑦ 각 액체에 소금을 더 녹이면 소금물보다 물에서 더 많은 양의 소금이 녹는다.

⑧ 손을 두 액체에 담그면 진한 소금물에서 체액이 더 빨리 빠져나가므로 더 빨리 쭈글쭈글해진다.

⑨ 삼투현상으로 소금물에서는 배춧잎의 물이 빠져나가 시들해진다.

⑩ 소금물에서 못에 녹이 더 잘 생긴다.

⑪ 같은 부피의 물과 소금물의 무게를 재면 소금물이 물보다 더 무겁다.

채점 기준　총체적 채점

유창성, 융통성(7점) : 적절한 아이디어의 수와 범주

* 과학적이지 않거나 두 용액을 구분할 수 없는 방법은 아이디어로 평가하지 않는다.

* 같은 아이디어가 반복되는 경우 1개의 아이디어로 평가한다.

* 적절한 아이디어라고 여겨지는 것의 수를 세어 다음 기준에 따라 점수를 부여한다.

아이디어의 수	점수	3개	3점
1개	1점	4개	5점
2개	2점	5개	7점

⑪ 창의성

평가 영역	과학 창의성
사고 영역	유창성, 융통성

예시답안

① 오일펜스를 쳐서 기름이 번지지 않도록 막은 후 기름을 제거한다.
② 기름을 먹는 박테리아를 번식시켜 기름을 제거한다.
③ 헌 옷이나 흡착포로 기름을 흡수시킨다.
④ 바다 표면의 기름을 빨아들이는 로봇을 만들어 기름을 제거한다.
⑤ 기름을 흡수하고 거를 수 있는 장치를 배 앞에 달아 배를 이동시키면서 기름을 제거한다.
⑥ 바다 위의 기름에 불을 붙여 기름을 모두 태운다.
⑦ 기름을 분해하는 물질을 바다에 뿌려 기름을 제거한다.
⑧ 기름을 퍼지게 하여 자연적으로 태양빛에 의해 기름이 분해되도록 한다.

해설

기름이 유출되면, 유출된 규모를 파악한 후 바다 위에 유출된 기름이 퍼지는 것을 막기 위해 오일펜스(기름막이)를 설치한 후 기름을 빨아들이는 흡착포로 기름을 제거한다. 기름이 유출되면 바닷물이 혼탁해지고 물속에 녹아있는 산소량이 줄어들어 인근 양식장과 어장이 황폐해지고, 유출된 기름이 해안으로 흘러들면 해안 습지가 파괴된다. 또한, 유출된 기름이 퇴적되면 오랜 시간 동안 엄청난 악영향을 끼치게 된다. 오염된 해양 생태계가 원상 복구되려면 100년 이상의 시간이 소요된다.

채점 기준 총체적 채점

유창성, 융통성(7점) : 적절한 아이디어의 수와 범주
* 바다의 기름을 제거하는 방법으로 적절한 것만 아이디어로 평가한다.
* 같은 아이디어가 반복되는 경우 1개의 아이디어로 평가한다.
* 적절한 아이디어라고 여겨지는 것의 수를 세어 다음 기준에 따라 점수를 부여한다.

아이디어의 수	점수			
1개	1점		3개	3점
2개	2점		4개	5점
			5개	7점

⑫ 창의성

평가 영역	과학 창의성
사고 영역	유창성, 융통성

예시답안

① 날씨에 따라 휴가 계획을 세울 수 있다.

② 비가 올 때를 대비해 우산을 미리 챙길 수 있다.

③ 집중 호우나 폭설에 미리 대비할 수 있다.

④ 소풍이나 수련회를 갈 때 날씨를 알아보고 장소를 정할 수 있다.

⑤ 여름철 아이스크림이나 에어컨 등 계절상품의 생산량을 정할 수 있다.

⑥ 고기를 잡으러 먼 바다에 나갈지 말지 미리 결정할 수 있다.

⑦ 농사를 지을 때, 가뭄을 미리 대비할 수 있다.

⑧ 먼 거리를 이동할 때 날씨에 따라 안전한 교통수단을 선택할 수 있다.

⑨ 날씨에 따라 사람들이 많이 찾는 물건을 만들어 돈을 벌 수 있다.

⑩ 계절에 영향을 받는 축제 일정을 조정할 수 있다.

⑪ 페인트칠 등 도장 작업 시 비 오는 날을 피할 수 있다.

⑫ 고추를 말릴 때 옥상에서 말릴지 실내에서 말릴지 미리 결정할 수 있다.

해설

날씨 예보 과정

① 날씨 관측

② 자료 정리 및 분석 : 각종 기상 자료를 수집하고 분석한다.

③ 예보 토의 : 예상 일기도를 작성하고 발표할 날씨 예보를 확정한다.

④ 예보 전달 : 신문, 텔레비전, 라디오, 기상청 누리집, 날씨 안내 전화(131번) 등을 통해 날씨를 예보한다.

채점 기준   총체적 채점

유창성, 융통성(7점) : 적절한 아이디어의 수와 범주

* 날씨를 미리 알 수 있어 좋은 점에 해당하는 것만 아이디어로 평가한다.

* 같은 아이디어가 반복되는 경우 1개의 아이디어로 평가한다.

* 적절한 아이디어라고 여겨지는 것의 수를 세어 다음 기준에 따라 점수를 부여한다.

아이디어의 수	점수		
1~2개	1점	7개	4점
3~4개	2점	8개	5점
5~6개	3점	9개	6점
		10개	7점

⑬ 사고력

평가 영역	사고력
사고 영역	과학 사고력

모범답안

질소 기체는 안정하여 과자와 반응하지 않으므로 오랫동안 과자의 맛과 상태를 유지할 수 있기 때문이다.

해설

과자는 산소와 만나면 색이 변하고 냄새가 난다. 또한, 산소는 미생물의 번식을 도와 음식을 빠르게 상하게 한다. 질소는 공기의 약 78 %를 차지하며 안정한 물질로 반응성이 크지 않다. 과자 봉지에 질소 기체를 채워 넣으면 산소나 습기의 접촉을 막아 과자가 오랫동안 신선하게 유지되고 부패되는 것을 막을 수 있으며, 부서지는 것도 막을 수 있다. 질소는 식품을 포장할 때, 기름 탱크나 튀김 과자 봉지의 충전제로 쓰이고, 전구 속 필라멘트의 보호제로도 쓰인다.

채점 기준 요소별 채점

과학 사고력(5점)

채점 기준	점수
이유를 바르게 서술한 경우	5점

14 융합 사고력

평가 영역	융합 사고력–과학
사고 영역	문제 파악 능력, 문제 해결 능력

모범답안

(1) 다른 식물과 경쟁하지 않고 햇빛을 충분히 받으며 살아갈 수 있다.

해설

염생식물은 다른 육지 식물처럼 환경이 좋은 곳을 차지하지 못하고 경쟁에 밀려서 다른 식물이 싫어하는 혹독한 지역에 적응하여 살게 되었다. 같은 서식지에 사는 같은 종이라도 육지에서 담수가 흘러들어오는 곳이나 소금기(염분) 농도가 낮은 곳에 사는 개체가 더 잘 자라고 번식률도 높다. 이것으로 보아 염생식물이 염분을 좋아해 바닷가에 자리 잡았다기보다는 경쟁을 피해 바닷가로 밀려와 적응했을 것으로 추측할 수 있다. 염생식물이 다른 식물과 심한 경쟁을 하지 않고도 많은 자손을 생산하며 자유롭게 살아가는 것을 보면 환경 적응에 성공한 것으로 볼 수 있다.

▲ 갯완두 덩굴손   ▲ 순비기나무 줄기와 잎   ▲ 갯씀바귀 줄기와 잎   ▲ 가는갯능쟁이 잎의 염분

채점 기준 　요소별 채점

문제 파악 능력(3점)

채점 기준	점수
다른 식물과 경쟁을 하지 않는다고 서술한 경우	3점

예시답안

(2)

① 흡수된 염분을 빠르게 배출하고 세포에 많은 물을 저장하여 염분 농도를 낮춘다.

② 염분을 많이 가지고 있는 잎을 떨어뜨려 염분을 낮춘다.

③ 수분을 흡수하기 위해 뿌리를 깊게 내리거나, 옆으로 뻗으면서 실뿌리를 깊이 내린다.

④ 강한 바닷바람을 이겨내고 흙을 확보하기 위해 바위틈에서 자란다.

⑤ 바람이나 파도에 의해 모래에 파묻혀도 재빠르게 땅 위로 새로운 줄기가 자란다.

⑥ 강한 바닷바람을 이겨내기 위해 키가 작다.

⑦ 강한 바닷바람을 이겨내기 위해 옆으로 누워서 자란다.

⑨ 강한 바닷바람을 이겨내기 위해 줄기와 잎을 모래땅에 묻는다.

⑩ 강한 바닷바람을 이겨내기 위해 잎끝 부분에 덩굴손을 발달시켜 다른 물체를 단단히 붙잡는다.

⑪ 뜨거운 햇볕을 차단하기 위해 잎이 두껍고 반짝반짝하다.

⑫ 증산 작용을 억제하고 강한 바닷바람을 이겨내며, 염분이 침투하는 것을 막기 위해 잎이 두껍고 바늘 모양이다.

해설

염생식물은 오랜 세월을 거쳐 세포 속에 염분이 많아도 살아갈 수 있도록 진화했다. 염생식물은 흡수한 염분을 에너지로 사용하거나, 세포에 저장하거나, 밖으로 내보내는 등 종류에 따라 다양하게 대처한다. 갯완두는 덩굴손을 발달시켜 다른 물체를 단단히 붙잡는다. 순비기나무와 갯씀바귀는 줄기와 잎을 모래땅에 묻어 바람을 이겨낸다. 퉁퉁마디는 잎이 바늘 모양으로 변했고 줄기가 퉁퉁하다. 가는갯능쟁이의 잎과 줄기에는 배출한 염분이 모여서 만들어진 하얀 소금 알갱이가 붙어 있다.

채점 기준   총체적 채점

문제 해결 능력(7점)

* 염생식물이 바닷가에서 살아남기 위해 환경에 적응한 점으로 적절한 것만 아이디어로 평가한다.

* 같은 아이디어가 반복되는 경우 1개의 아이디어로 평가한다.

* 적절한 아이디어라고 여겨지는 것의 수를 세어 다음 기준에 따라 점수를 부여한다.

아이디어의 수	점수	3개	3점
1개	1점	4개	5점
2개	2점	5개	7점

4회

평가 영역 문항	창의성		사고력		융합 사고력	
	유창성, 융통성	독창성	수학 사고력	과학 사고력	문제 파악 능력	문제 해결 능력
01	점					
02	점	점				
03	점					
04	점					
05	점	점				
06			점			
07					점	점
08	점					
09	점	점				
10	점					
11	점					
12	점					
13				점		
14					점	점

평가 영역별 점수	유창성, 융통성	독창성	수학 사고력	과학 사고력	문제 파악 능력	문제 해결 능력
	창의성		사고력		융합 사고력	
	/ 70점		/ 10점		/ 20점	

	총점	

● 평가 결과에 따른 학습 방향

창의성	50점 이상	보다 독창성 있는 아이디어를 내는 연습을 하세요.
	35~49점	다양한 관점의 아이디어를 더 내는 연습을 하세요.
	35점 미만	적절한 아이디어를 더 내는 연습을 하세요.

사고력	6점 이상	교과 개념과 연관된 응용문제로 문제 적응력을 기르세요.
	5점 미만	틀린 문항과 관련된 교과 개념을 다시 공부하세요.

융합 사고력	15점 이상	답안을 보다 구체적으로 작성하는 연습을 하세요.
	10~14점	문제 해결 방안의 아이디어를 다양하게 내는 연습을 하세요.
	10점 미만	실생활과 관련된 기사로 수학·과학적 사고를 확장하는 연습을 하세요.

01 창의성

평가 영역	일반 창의성
사고 영역	유창성, 융통성

예시답안

① 다른 사람에게 열어달라고 부탁한다.

② 발로 연다.

③ 냉장고 문에 줄을 묶은 후 줄을 잡아당겨서 연다.

④ 리모컨으로 냉장고 문을 열 수 있도록 만든 후 리모컨을 눌러 냉장고 문을 연다.

⑤ 냉장고 문과 방문을 줄로 연결한 후 방문을 열어 냉장고 문을 연다.

⑥ 냉장고 안에 큰 풍선을 넣고 풍선을 부는 부분을 냉장고 밖에 둔 후 풍선에 공기를 넣어 부풀려 문을 연다.

⑦ 자석을 문에 붙이고 자석을 당겨서 연다.

⑧ 음식 냄새를 잘 맡는 큰 개를 이용해 문을 연다.

⑨ 냉장고와 문 사이에 지렛대를 설치해 냉장고 문 사이를 벌려 문을 연다.

⑩ 소리 센서를 달아 박수를 세 번 치면 열리도록 한다.

⑪ 적외선 센서를 달아 사람이 옆에 오면 자동으로 열리도록 한다.

⑫ 화장실 뚫어뻥을 냉장고 문에 붙였다가 잡아당겨 문을 연다.

⑬ 효자손처럼 갈고리가 있는 기구로 문을 연다.

해설

냉장고를 망가뜨리거나 부수는 방법은 답안으로 적절하지 않다.

채점 기준　총체적 채점

유창성, 융통성(7점) : 적절한 아이디어의 수와 범주

＊ 냉장고에 손을 직접 대지 않고 냉장고 문을 열 수 있는 방법으로 적절한 것만 아이디어로 평가한다.

＊ 같은 아이디어가 반복되는 경우 1개의 아이디어로 평가한다.

＊ 적절한 아이디어라고 여겨지는 것의 수를 세어 다음 기준에 따라 점수를 부여한다.

아이디어의 수	점수		
1~2개	1점	7개	4점
3~4개	2점	8개	5점
5~6개	3점	9개	6점
		10개	7점

⑫ 창의성

평가 영역	일반 창의성
사고 영역	유창성, 융통성, 독창성

예시답안

① 날개가 4개이다.

② 움직인다.

③ 겨울에는 보기 어렵다.

④ 공기를 이용한다. 바람을 일으킨다.

⑤ 가운데를 중심으로 반을 접으면 모양이 겹쳐진다.

⑥ 가운데 길쭉한 모양이 있다.

⑦ 바닥에 앉을 수 있다.

⑧ 우리나라에서 볼 수 있다.

⑨ 모양이 다양하다.

⑩ 날개가 움직이는 속도를 변화시킬 수 있다.

⑪ 회전할 수 있다.

⑫ 종류가 다양하다.

⑬ 에너지가 있어야 움직인다.

⑭ 방향을 조절할 수 있다.

채점 기준 총체적 채점

유창성, 융통성(5점) : 적절한 아이디어의 수와 범주

* 나비와 선풍기의 공통점으로 적절한 것만 아이디어로 평가한다.
* 같은 아이디어가 반복되는 경우 1개의 아이디어로 평가한다.
* 적절한 아이디어라고 여겨지는 것의 수를 세어 다음 기준에 따라 점수를 부여한다.

아이디어의 수	점수
1~3개	1점
4~5개	2점
6~7개	3점
8~9개	4점
10개	5점

독창성(2점) : 아이디어가 얼마나 독특하고 창의적인가?

* 유창성, 융통성 점수를 받은 아이디어에 한해서 독창성 채점을 한다.
* 학생들의 답안을 토대로 흔한 아이디어 목록을 구성하고, 그에 포함되지 않는 아이디어의 수를 세어 다음 기준에 따라 점수를 부여한다.

아이디어의 수	점수
1개	1점
2개 이상	2점

평가 가이드
문항 구성 및 채점표

03 창의성

평가 영역	수학 창의성
사고 영역	유창성

예시답안

① 어미
② 마미(mammy)
③ 다이(die)
④ 대디(daddy)
⑤ 데이(day)
⑥ 이응
⑦ 타이어(tire)
⑧ 타이머(timer)
⑨ 타이(tie)
⑩ 아이다(aida)
⑪ 어이
⑫ 어디
⑬ 마디
⑭ 매미
⑮ 아마
⑯ 아이디어(idea)
⑰ 아이디(ID)
⑱ 대마
⑲ 테마
⑳ 마다
㉑ 마대
㉒ 더티(dirty)
㉓ 애미
㉔ 파이(pie)
㉕ 파이어(fire)
㉖ 아더(arthur)
㉗ 마피아(mafia)
㉘ 마패
㉙ 타파
㉚ 피폐
㉛ 야미(yummy)
㉜ 마이(my)
㉝ 여미다
㉞ 야매
㉟ 야마(낙타과 동물)
㊱ 다마(구슬의 일본어)
㊲ 더디다
㊳ 패피
㊴ 매다
㊵ 메다
㊶ 여타
㊷ 이다
㊸ 파마
㊹ 타다
㊺ 파다
㊻ 펴다
㊼ 듣다
㊽ 응대
㊾ 응애
㊿ 애마
(51) 예매
(52) 애매
(53) 패다
(54) 이티(E.T.)
(55) 다다미(일본식 돗자리)
(56) 태아
(57) 미아
(58) 대응

해설

위아래 대칭 글자 '다, 댜, 더, 뎌, 듣, 디, 대, 데, 마, 먀, 머, 며, 미, 매. 메, 아, 야, 어, 여, 응, 이, 애, 얘, 에, 예, 타, 탸, 터, 텨, 티, 태, 테, 파, 퍄, 퍼, 펴, 피, 패, 페, 폐'를 조합하여 단어를 만든다.

채점 기준 총체적 채점

유창성(7점) : 적절한 아이디어의 수와 범주
* 가운데를 중심으로 상하 대칭인 단어만 아이디어로 평가한다.
* 같은 문자가 반복되거나 의미가 없는 단어는 아이디어로 평가하지 않는다.
* 적절한 아이디어라고 여겨지는 것의 수를 세어 다음 기준에 따라 점수를 부여한다.

아이디어의 수	점수
1~11개	1점
12~13개	2점
14~15개	3점
16~17개	4점
18개	5점
19개	6점
20개	7점

04 창의성

평가 영역	수학 창의성
사고 영역	유창성, 융통성

예시답안

① 두 자리 수이다.

② 같은 수를 두 번 곱하면 나오는 수이다.

③ 각 자리 숫자를 더하면 홀수이다.

④ 일의 자리 숫자가 십의 자리 숫자보다 크다.

⑤ 각 자리 숫자를 곱하면 짝수이다.

⑥ 11로 나눈 나머지가 같다.

⑦ 8을 더하면 11의 배수이다.

⑧ 40보다 작은 수이다.

⑨ 일의 자리 숫자와 십의 자리 숫자의 차가 30이다.

⑩ 합성수이다. 약수의 개수가 3개 이상이다.

⑪ 3을 빼면 11의 배수다.

⑫ 20보다 큰 수이다.

채점 기준 총체적 채점

유창성, 융통성(7점) : 적절한 아이디어의 수와 범주

★ 25와 36의 공통점으로 적절한 것만 아이디어로 평가한다.

★ 같은 아이디어가 반복되는 경우 1개의 아이디어로 평가한다.

★ 적절한 아이디어라고 여겨지는 것의 수를 세어 다음 기준에 따라 점수를 부여한다.

아이디어의 수	점수		7개	4점
1~2개	1점		8개	5점
3~4개	2점		9개	6점
5~6개	3점		10개	7점

05 창의성

평가 영역	수학 창의성
사고 영역	유창성, 융통성, 독창성

예시답안

① 자로 선의 길이를 직접 재어 비교한다.
② 다른 물건에 선 3개의 길이를 표시해 비교한다.
③ 다른 종이에 선을 따라 그리고 선을 자른 후 서로 겹쳐서 비교한다.
④ 선 길이보다 작은 단위 길이로 길이를 재어 비교한다.
⑤ 철사를 선과 같은 길이로 자른 후 길이를 재어 비교한다.
⑥ 철사를 선과 같은 길이로 자른 후 무게를 재어 비교한다.

채점 기준   총체적 채점

유창성, 융통성(5점) : 적절한 아이디어의 수와 범주
* 선의 길이를 비교할 수 있는 방법으로 적절한 것만 아이디어로 평가한다.
* 같은 아이디어가 반복되는 경우 1개의 아이디어로 평가한다.
* 적절한 아이디어라고 여겨지는 것의 수를 세어 다음 기준에 따라 점수를 부여한다.

아이디어의 수	점수
1개	1점
2개	2점
3개	3점
4개	4점
5개	5점

독창성(2점) : 아이디어가 얼마나 독특하고 창의적인가?
* 유창성, 융통성 점수를 받은 아이디어에 한해서 독창성 채점을 한다.
* 학생들의 답안을 토대로 흔한 아이디어 목록을 구성하고, 그에 포함되지 않는 아이디어의 수를 세어 다음 기준에 따라 점수를 부여한다.

아이디어의 수	점수
1개	1점
2개 이상	2점

06 사고력

평가 영역	사고력
사고 영역	수학 사고력

모범답안

[규칙]

10이 반복되므로 나열된 수를 (1, 2), (1, 2, 3, 2), (1, 2, 3, 4, 3, 2), (1, 2, 3, 4, 5, 4, 3, 2), 1로 묶을 수 있고, 한 묶음의 수의 개수는 2개, 4개, 6개, …로 2개씩 증가한다.

[25번째 수]

2+4+6+8=20이므로 25번째 숫자는 5번째 묶음의 5번째 숫자이다.

5번째 묶음은 1, 2, 3, 4, 5, 6, 5, 4, 3, 2이므로 25번째 수는 5이다.

채점 기준　요소별 채점

수학 사고력(5점)

채점 기준	점수
답을 정확히 구한 경우	2점
규칙을 정확히 서술한 경우	3점

07 융합 사고력

평가 영역	융합 사고력–수학
사고 영역	문제 파악 능력, 문제 해결 능력

모범답안

(1)

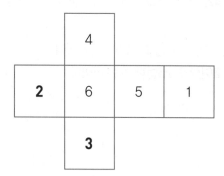

해설

주사위를 만들었을 때 같은 도형이 표시되어 있는 면이 마주 본다.

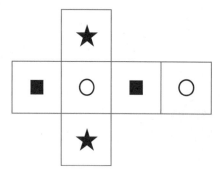

채점 기준 총체적 채점

문제 파악 능력(3점)

아이디어의 수	점수
1가지를 찾은 경우	1점
2가지를 찾은 경우	3점

예시답안

(2)

① 모든 면이 나올 확률이 같아야 한다.

② 잘 부서지지 않도록 튼튼하게 만들어야 한다.

③ 재료비가 너무 비싸지 않아야 한다.

④ 쉽게 만들 수 있어야 한다.

⑤ 주사위의 눈이나 숫자가 잘 보여야 한다.

⑥ 각 면의 넓이가 같아야 한다.

⑦ 가벼워야 한다.

⑧ 모서리가 날카롭지 않아야 한다.

⑨ 반듯하게 정지하여 멈춘 곳의 숫자가 명확해야 한다.

채점 기준 총체적 채점

문제 해결 능력(7점)

＊ 주사위를 만들 때 고려해야 할 점으로 적절한 것만 아이디어로 평가한다.

＊ 같은 아이디어가 반복되는 경우 1개의 아이디어로 평가한다.

＊ 적절한 아이디어라고 여겨지는 것의 수를 세어 다음 기준에 따라 점수를 부여한다.

아이디어의 수	점수			
1개	1점		3개	3점
2개	2점		4개	5점
			5개	7점

08 창의성

평가 영역	일반 창의성
사고 영역	유창성

예시답안

① 퐁당퐁당
② 으쓱으쓱
③ 째깍째깍
④ 흔들흔들
⑤ 출렁출렁
⑥ 두리번두리번
⑦ 드르렁드르렁
⑧ 하늘하늘
⑨ 덩실덩실
⑩ 뒤뚱뒤뚱

⑪ 아장아장
⑫ 살랑살랑
⑬ 지글지글
⑭ 이글이글
⑮ 찰싹찰싹
⑯ 철썩철썩
⑰ 말랑말랑
⑱ 물렁물렁
⑲ 폴짝폴짝
⑳ 성큼성큼

㉑ 팔랑팔랑
㉒ 펄럭펄럭
㉓ 껑충껑충
㉔ 흐느적흐느적
㉕ 껄렁껄렁
㉖ 보글보글
㉗ 까불까불
㉘ 폭신폭신

해설

같은 단어가 두 번 반복되는 4글자 이상의 의성어 또는 의태어를 찾는다. 가나가나, 가나다 가나다 등처럼 의미 없는 단어이거나 의성어나 의태어가 아닌 것은 답안으로 적절하지 않다.

채점 기준 총체적 채점

유창성(7점) : 적절한 아이디어의 수와 범주
* 같은 단어가 반복되는 것만 아이디어로 평가한다.
* 의미 없는 단어나 의성어나 의태어가 아닌 것은 아이디어로 평가하지 않는다.
* 적절한 아이디어라고 여겨지는 것의 수를 세어 다음 기준에 따라 점수를 부여한다.

아이디어의 수	점수	아이디어의 수	점수
1~5개	1점	14~16개	4점
6~10개	2점	17~18개	5점
11~13개	3점	19개	6점
		20개	7점

09 창의성

평가 영역	일반 창의성
사고 영역	유창성, 융통성, 독창성

예시답안

① 달걀 요리를 한다.

② 달걀이 끈적거리므로 풀로 사용한다.

③ 달걀 팩을 만들어 피부 마사지를 한다.

④ 달걀 껍데기를 으깨서 설거지나 청소에 활용한다.

⑤ 달걀 껍데기에 조각을 하거나 그림을 그려 미술 작품을 만든다.

⑥ 반으로 쪼개진 달걀 껍데기에 구멍을 뚫어 깔때기처럼 사용한다.

⑦ 달걀을 삶아 날달걀과 삶은 달걀을 구별하는 방법을 알아본다.

⑧ 달걀노른자를 노란색 물감으로 사용한다.

⑨ 달걀을 식초에 넣어 초란(식초달걀)을 만든다.

⑩ 달걀과 밀가루를 섞어 빵이나 쿠키를 만든다.

⑪ 멍든 곳을 달걀로 문지른다.

⑫ 달걀을 부화기에 넣고 부화시켜 병아리가 되게 한다.

⑬ 달걀 껍데기에 작게 구멍을 내고 물을 담아 가습기로 활용한다.

⑭ 날달걀이 들어 있는 달걀판 위에 올라가 힘의 분산 실험을 한다.

⑮ 달걀에 보호 장치를 하고 옥상에서 달걀 떨어뜨리기 대회를 한다.

⑯ 달걀 껍데기를 잘게 부수어 화분에 거름으로 준다.

⑰ 달걀 껍데기에 표백 효과가 있으므로 망에 넣어 빨래할 때 함께 넣는다.

채점 기준   총체적 채점

유창성, 융통성(5점) : 적절한 아이디어의 수와 범주

* 달걀을 활용할 수 있는 방법으로 적절한 것만 아이디어로 평가한다.
* 같은 아이디어가 반복되는 경우 1개의 아이디어로 평가한다.
* 적절한 아이디어라고 여겨지는 것의 수를 세어 다음 기준에 따라 점수를 부여한다.

아이디어의 수	점수
1~3개	1점
4~5개	2점
6~7개	3점
8~9개	4점
10개	5점

독창성(2점) : 아이디어가 얼마나 독특하고 창의적인가?

* 유창성, 융통성 점수를 받은 아이디어에 한해서 독창성 채점을 한다.
* 학생들의 답안을 토대로 흔한 아이디어 목록을 구성하고, 그에 포함되지 않는 아이디어의 수를 세어 다음 기준에 따라 점수를 부여한다.

아이디어의 수	점수
1개	1점
2개 이상	2점

⑩ 창의성

평가 영역	과학 창의성
사고 영역	유창성, 융통성

예시답안

① 집게
② 악력계(운동 기구)
③ 볼펜
④ 샤프
⑤ 체중계
⑥ 용수철저울
⑦ 키보드
⑧ 침대
⑨ 사무용 의자
⑩ 자전거 안장
⑪ 움직이는 장난감
⑫ 스테이플러
⑬ 스카이콩콩
⑭ 트램펄린
⑮ 자동차 충격 흡수 장치
⑯ 초인종 버튼
⑰ 장난감 총
⑱ 종이에 구멍 뚫는 펀치
⑲ 덫
⑳ 태엽 장난감
㉑ 자동으로 감기는 줄자
㉒ 우산
㉓ 샴푸나 로션의 펌프
㉔ 시소
㉕ 뽕망치

채점 기준 총체적 채점

유창성, 융통성(7점) : 적절한 아이디어의 수와 범주

* 용수철을 활용한 물체만 아이디어로 평가한다.

* 같은 아이디어가 반복되는 경우 1개의 아이디어로 평가한다.

* 적절한 아이디어라고 여겨지는 것의 수를 세어 다음 기준에 따라 점수를 부여한다.

아이디어의 수	점수		아이디어의 수	점수
1~2개	1점		7개	4점
3~4개	2점		8개	5점
5~6개	3점		9개	6점
			10개	7점

⑪ 창의성

평가 영역	과학 창의성
사고 영역	유창성, 융통성

예시답안

① 바람이 불면 피부로 느낄 수 있다.

② 풍선이나 튜브를 불면 부풀어 오른다.

③ 깃발이나 나뭇잎이 바람에 흔들린다.

④ 부채를 부치면 바람을 느낄 수 있다.

⑤ 숨을 쉴 수 있다.

⑥ 소리를 들을 수 있다.

⑦ 난로를 켜면 방 전체가 따뜻해진다.

⑧ 주사기 구멍을 막고 피스톤을 누르면 약간 눌린 후 더 이상 눌리지 않는다.

⑨ 휴지나 종이를 떨어뜨리면 지그재그로 떨어진다.

⑩ 풍력 발전기로 발전할 수 있다.

⑪ 물속에서 숨을 쉬면 우리 몸속의 공기가 밖으로 빠져나가는 것을 볼 수 있다.

⑫ 낙하산을 펴면 천천히 떨어진다.

⑬ 높은 산이나 비행기를 타면 기압이 낮아져 귀가 먹먹해지는 것을 느낄 수 있다.

⑭ 연을 날릴 수 있다.

⑮ 컵을 뒤집어서 물에 넣으면 공기로 채워진 공간이 생긴다.

⑯ 부푼 풍선이나 튜브에 구멍이 나면 구멍으로 기체가 빠져나오면서 바람을 일으킨다.

⑰ 비행기나 헬리콥터가 하늘을 날 수 있다.

⑱ 돌아가고 있는 선풍기 뒤에 종이를 가져다 대면 붙어서 떨어지지 않는다.

채점 기준   총체적 채점

유창성, 융통성(7점) : 적절한 아이디어의 수와 범주

* 공기가 있다는 것을 알 수 있는 과학적인 증거만 아이디어로 평가한다.

* 같은 아이디어가 반복되는 경우 1개의 아이디어로 평가한다.

* 적절한 아이디어라고 여겨지는 것의 수를 세어 다음 기준에 따라 점수를 부여한다.

아이디어의 수	점수		
1~2개	1점	7개	4점
3~4개	2점	8개	5점
5~6개	3점	9개	6점
		10개	7점

⑫ 창의성

평가 영역	과학 창의성
사고 영역	유창성, 융통성

예시답안

① 빨래 앞에 선풍기를 틀어놓는다.
② 드라이기의 뜨거운 바람으로 말린다.
③ 빨래를 건조대에 넓게 펴 널어 말린다.
④ 방 온도를 높인다.
⑤ 햇빛이 잘 비치고 바람이 부는 곳에 빨래를 둔다.
⑥ 건조한 곳을 찾아 빨래를 널어둔다.
⑦ 방 안의 압력을 낮춘다.
⑧ 제습기를 틀어 방 안의 습도를 낮춘다.
⑨ 마른 수건과 겹쳐서 물기를 짠 후 말린다.
⑩ 열건조기에 넣고 돌린다.
⑪ 커다란 비닐봉지에 옷을 넣고 헤어드라이어의 뜨거운 바람을 넣어 말린다.
⑫ 햇빛이 잘 드는 곳에 건조대를 놓고 그 아래에 은박 돗자리를 깔아 햇빛이 반사되도록 한다.
⑬ 건조대에 빨래를 널고 빨래 사이사이에 물기를 흡수할 수 있도록 신문을 끼워놓는다.
⑭ 다림질한다.
⑮ 뜨거운 기기 위에 빨래를 펼쳐서 올려놓는다.

해설

증발은 액체 표면에서 액체가 주위 열을 흡수해 기체로 변하는 현상이다. 증발은 공기 중에 수증기가 적을수록(건조할수록), 온도가 높을수록, 공기와 닿는 면이 넓을수록, 바람이 불수록, 액체 알갱이 사이의 끌어당기는 힘이 약할수록, 주위 압력이 낮을수록 잘 일어난다.

채점 기준 총체적 채점

유창성, 융통성(7점) : 적절한 아이디어의 수와 범주
* 빨래를 빨리 말리기 위한 방법으로 적절한 것만 아이디어로 평가한다.
* 같은 아이디어가 반복되는 경우 1개의 아이디어로 평가한다.
* 적절한 아이디어라고 여겨지는 것의 수를 세어 다음 기준에 따라 점수를 부여한다.

아이디어의 수	점수			
1개	1점		3개	3점
2개	2점		4개	5점
			5개	7점

⑬ 사고력

평가 영역	사고력
사고 영역	과학 사고력

모범답안

① 철가루가 자석에 붙는 성질을 이용해 철가루를 분리한다.

② 체 구멍이 콩보다 작고 쌀보다 큰 체를 이용해 콩을 분리한다.

③ 쌀과 소금을 물에 넣어 소금을 녹여 쌀을 분리한다.

④ 소금물을 증발시켜 소금을 분리한다.

해설

각 물질의 성질을 이용해 물질을 분리하는 방법을 찾는다.

• 철가루 : 자석에 붙는다.

• 콩 : 쌀과 소금보다 알갱이가 크다.

• 쌀 : 콩보다 알갱이가 작고 물에 녹지 않는다.

• 소금 : 콩보다 알갱이가 작고, 물에 잘 녹는다. 끓는점이 높아 잘 끓지 않는다.

채점 기준   총체적 채점

과학 사고력(5점)

채점 기준	점수
1가지 분리 방법과 원리를 서술한 경우	1점
2가지 분리 방법과 원리를 서술한 경우	2점
3가지 분리 방법과 원리를 서술한 경우	3점
4가지 분리 방법과 원리를 서술한 경우	5점

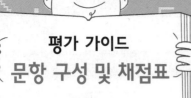
⑭ 융합 사고력

평가 영역	융합 사고력–과학
사고 영역	문제 파악 능력, 문제 해결 능력

모범답안

(1)

① 무너진 건물의 돌무더기 사이를 오가거나 벽을 기어오르며 구조대원이 수색하기 어려운 곳까지 탐색한다.

② 지진이나 쓰나미로 집과 건물이 붕괴했을 때 내부에서 안전한 장소가 어디인지, 어느 지점에 건물 잔해가 있고 부상자가 있는지 조사하는 경우에 활용한다.

③ 3개의 뱀 로봇을 이용하여 장애물을 들어 제거한다.

④ 동굴 탐사, 지하 유물발굴 등 붕괴 위험이 있거나 좁은 틈으로 들어가야 하는 상황에서 사용한다.

⑤ 적외선 센서를 붙여 야간에 고산 지대 실종자 수색 및 구조에 활용한다.

⑥ 하수도 시설, 수도관 등 깊고 좁은 곳에 문제가 생겼을 때 탐색한다.

⑦ 좁은 구멍 속에 사는 생물을 관찰한다.

해설

인간을 비롯한 곤충이나 동물 등의 기본 구조와 메커니즘을 모방해 로봇 제작 기술에 적용한 것을 생체모방 로봇이라고 한다. 최근 생체모방 로봇에 관한 연구가 급속도로 활발하게 이뤄지고 있다. 산업, 환경, 군사, 재난 현장이나 극한 지역의 임무 수행 등 활용할 수 있는 분야가 매우 다양하고, 곤충이나 동물군의 종류가 다양한 만큼 생체모방 로봇도 그 가능성이 무궁무진하다.

채점 기준 총체적 채점

문제 파악 능력(3점)

채점 기준	점수
뱀 로봇의 활용 방안을 1가지 서술한 경우	1점
뱀 로봇의 활용 방안을 2가지 서술한 경우	3점

예시답안

(2)

① 치타 로봇 : 등뼈를 앞뒤로 움직이고 땅을 딛고 뛰어오르는 치타의 움직임을 모방하여 만들었다. 사람보다 빠르게 달릴 수 있고 움직일 때 조용하다. 치타 로봇에 카메라와 적외선 탐지기를 설치하여 군사 정찰용으로 사용한다. 특히 바퀴로 움직일 수 없는 험한 산지에서 유용할 것이다.

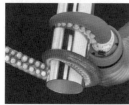

② 문어 빨판 로봇 : 온몸을 실리콘으로 만들어 물렁물렁하고 살아 있는 문어처럼 다리가 흐물흐물하게 움직이며, 빨판을 이용해 물체를 잡을 수 있다. 문어 빨판 로봇은 부드럽고 유연하며, 나노 크기로 만들어 몸속에 넣으면 몸속을 헤엄쳐 다니며 깊고 좁은 틈을 비집고 들어가 온몸 구석구석을 치료할 수 있을 것이다.

③ 거북 로봇 : 바다거북처럼 네 개의 물갈퀴를 각각 자유자재로 움직이며 방향 전환을 한다. 거북 로봇은 프로펠러를 이용하지 않기 때문에 해저에 쌓인 침전물을 건드리지 않고 조용히 움직일 수 있다. 잠수부가 접근하기 어렵거나 사고 위험이 큰 지역에 있는 난파선을 탐사하는 데 사용한다.

④ 벌 로봇 : 벌이 나는 원리를 모방하여 만들었으며, 1초에 120번씩 날개를 파닥거리며 난다. 크기가 3cm 정도로 매우 작으며 바람이 불어도 날 수 있다. 벌 로봇에 초광각 카메라를 설치하여 사람과 큰 로봇이 접근하기 힘든 재난 현장에서 정보를 모으는 데 사용하고, 화학물질 탐지 센서를 설치하여 환경 감시용으로 사용한다.

⑤ 도마뱀 로봇 : 도마뱀처럼 발바닥의 접착 패드를 이용해 울퉁불퉁한 벽뿐만 아니라 매끄러운 면에 붙어서 올라갈 수 있다. 고층 건물의 창문 청소, 고층 빌딩 화재 발생 시 구조 활동, 이동형 감시 로봇 등으로 사용한다.

생체모방 로봇

http://m.site.naver.com/0lp6I

채점 기준 요소별 채점

문제 해결 능력(7점)

* 동물의 특징을 바탕으로 생체모방 로봇을 설계하고 활용 방안을 적절하게 서술한 것만 아이디어로 평가한다.

* 같은 아이디어가 반복되는 경우 1개의 아이디어로 평가한다.

* 적절한 아이디어라고 여겨지는 것의 수를 세어 다음 기준에 따라 점수를 부여한다.

채점 기준	점수
동물의 특징이 나타나지 않게 설계한 경우	1점
동물의 특징을 바탕으로 설계한 경우	4점
로봇의 활용 방안을 서술한 경우	3점

평가 가이드
문항 구성 및 채점표

영재성검사
창의적 문제해결력

기출문제

정답 및 해설

기출문제 정답 및 해설

01 사고력

모범답안

(1) 81개
(2) 81개

해설

(1) 규칙 ②에 의해 만들어진 무늬에서 정사각형의 한 변이 지름인 원은 각 꼭짓점을 중심으로 모두 4개 그려진다.

이와 같은 무늬 100개를 이어 붙여 큰 정사각형을 만들면 가로와 세로에 각각 10개씩 그려지고, 정사각형의 한 변이 지름인 원은 무늬 4개가 맞닿은 곳에 그려진다. 따라서 가로 방향으로 9개, 세로 방향으로 9개씩 그려지므로 총 9×9=81 (개) 그려진다.

(2) 규칙 ③에 의해 만들어진 무늬에서 정사각형의 한 변이 반지름인 원은 각 꼭짓점을 중심으로 모두 4개 그려진다.

이와 같은 무늬 100개를 이어 붙여 큰 정사각형을 만들면 가로와 세로에 각각 10개씩 그려지고, 정사각형의 한 변이 반지름인 원은 무늬 4개가 맞닿은 곳에 그려진다. 따라서 가로 방향으로 9개, 세로 방향으로 9개씩 그려지므로 총 9×9=81 (개) 그려진다.

02 사고력

모범답안

• 가장 작은 수 : 1005
• 가장 큰 수 : 9985

해설

A가 5로 나누어떨어지려면 끝자리 수는 0 또는 5이어야 한다. 이때 4로 나누면 나머지가 1이 되는 A는 끝자리 수가 5인 수이어야 한다. 따라서 구하는 가장 작은 수는 1005이다. 한편, 4로 나눌 때 9995는 나머지가 3이고, 9985는 나머지가 1이므로 구하는 가장 큰 수는 9985 이다.

03 사고력

모범답안

3초

해설

빨간색은 22초, 노란색은 4초, 초록색은 15초 동안 켜지므로 빨간색, 노란색, 초록색이 1번씩 켜지는 데 걸리는 시간은 41초이다. 1시간은 60×60=3600 (초)이고, 3600÷41=87…33이므로 1시간 동안 빨간색, 노란색, 초록색이 87번 반복되고 33초가 남는다. 그런데 빨간색이 켜지고 1초가 지난 후부터 1시간 후이므로 빨간색, 노란색, 초록색이 87번 반복되고 34초가 남는다. 34초 동안 빨간색이 22초, 노란색이 4초 켜졌다. 따라서 빨간색이 켜지고 1초가 지난 후부터 1시간 후에 켜져 있는 신호등의 색깔은 초록색이고 8초 동안 켜져 있었다.

04 사고력

모범답안

(1)

도시	서울	상하이	뉴욕	도쿄	시드니	런던
시각	8월 12일 오전 11시	8월 12일 오전 10시	8월 11일 오후 9시	8월 12일 오전 11시	8월 12일 오후 1시	8월 12일 오전 2시

(2) 8월 15일 오후 2시

해설

- 방법 1 : 한국은 뉴욕보다 14시간 빠르고 뉴욕에서 한국까지 오는 데 걸리는 시간이 13시간 이므로 한국에 도착한 시각은 뉴욕 출발 시각보다 27시간 빠르다. 따라서 한국에 도착한 시각은 8월 15일 오후 2시이다.
- 방법 2 : 뉴욕에서 8월 14일 오전 11시에 출발했을 때 한국 시각은 8월 15일 오전 1시이고, 뉴욕에서 한국까지 오는 데 걸리는 시간이 13시간이므로 한국에 도착한 시각은 8월 15일 오후 2시이다.

05 사고력

예시답안

(1)

(2)

해설

〈예시답안〉 이외의 다른 여러 가지 방법으로 채울 수 있다.

06 사고력

예시답안

(1)

1	3	6	7	8
2	4	9	10	11
5	12	13	14	15
16	17	18	19	20
21	22	23	24	25

(2)

1	2	5	6	7
3	4	10	11	12
8	13	14	15	16
9	17	18	19	20
21	22	23	24	25

(3)

1	2	3	6	7
4	5	8	9	10
11	12	13	14	15
16	17	18	19	20
21	22	23	24	25

(4)

1	6	7	8	9
2	10	11	12	13
3	14	15	16	17
4	18	19	20	21
5	22	23	24	25

해설

〈예시답안〉 이외의 다른 여러 가지 방법으로 채울 수 있다.

07 사고력

모범답안

(1) 43

(2) 15, 17, 23, 29, 31

해설

(1) 첫 번째 토요일은 6일이고 6주 전 수요일은 6×7+3=45(일) 전이다.
12월 6일에서 5일 전은 12월 1일이고, 12월 1일에서 30일 전은 11월 1일이며,
11월 1일에서 10일 전은 10월 22일이다.
한편, 첫 번째 토요일은 6일이고 6주 후 수요일은 6×7+4=46(일) 후이다.
12월 6일에서 25일 후는 12월 31일이고, 12월 31일에서 21일 후는 1월 21일이다.
따라서 구하는 두 날짜를 더한 값은 22+21=43이다.

(2) 가운데 칸의 수를 □라고 하면,
윗 줄 2칸의 수는 각각 □-8, □-6이고, 아랫 줄 2칸의 수는 각각 □+6, □+8이다.
5칸의 수를 모두 더하면 □-8+□-6+□+□+6+□+8=115, □×5=115, □=23이다.
따라서 선택한 5칸의 수는 15, 17, 23, 29, 31이다.

08 사고력

모범답안

• 장점 : 안정적으로 비행할 수 있고, 힘이 세서 무거운 물체를 들 수 있다.
• 단점 : 기체(몸체)가 무거워지고 전기 에너지 소모량이 많아진다. 조작이 복잡하다.

해설

4개의 프로펠러를 가진 쿼드콥터는 대각선으로 마주보고 있는 한 쌍의 프로펠러가 시계 방향으로 돌고, 다른 한 쌍의 프로펠러는 반시계 방향으로 회전한다. 즉, 나란히 놓여있는 프로펠러가 다른 방향으로 회전하면서 공기를 아래로 밀어내고 이에 대한 반작용으로 드론이 위로 뜬다. 드론은 일반적으로 프로펠러가 4개이다. 프로펠러가 4개인 드론은 기체(몸체)가 가벼워서 기동성이 좋고, 모터가 적게 들어가 제작 비용이 줄어들며, 제어 코드를 짜기 쉽다. 프로펠러가 많아질수록 안정적으로 비행할 수 있지만 모터가 많아져서 무거워지고 전기 에너지 소모량이 많아진다.

09 창의성

예시답안

(1) ❶ 알 수 있는 사실 : 공기는 일정한 공간을 차지한다.
❷ 이를 확인할 수 있는 다른 실험 방법 : 물 위에 병뚜껑을 띄운 후 컵을 뒤집어 물속으로 눌러본다. 공기는 일정한 공간을 차지하고 있기 때문에 병뚜껑이 컵과 함께 아래로 내려간다.

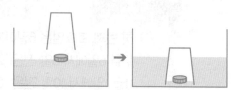

(2) ① 에어백
② 광고 풍선
③ 물놀이용 튜브
④ 공기 안전매트
⑤ 공기를 넣은 축구공
⑥ 질소 기체를 넣은 과자 봉지

10 사고력

모범답안

(1) ❶ 소리가 더 잘 들리는 방 : 텅 비어 있는 방
❷ 그 이유 : 방 안에 물건이 있으면 소리가 물건에 흡수되어 감소되거나 물건에 여러 번 반사되어 소리의 크기가 줄어들기 때문이다.
(2) ① 음악 소리의 크기
② 듣는 사람의 위치
③ 나무판과 스티로폼판을 기울이는 각도

해설

빈 방에서는 직접 귀로 전달된 소리와 벽에서 반사된 소리의 시간 차이로 인해 메아리가 생겨 소리가 울린다.

⓫ 창의성

예시답안

(1) ❶ 사용해야 할 지도 : 〈나〉 지도
　　❷ 그 이유 : 〈가〉 지도는 둥근 지구를 평면으로 만들었으므로 극지방이 늘어나 더 넓어
　　　　보이기 때문이다.
(2) ① 지도 위에 모눈종이를 덮고, 바다와 육지에 해당하는 칸을 세어 비교한다.
　　② 지도에 일정한 간격으로 가로줄과 세로줄을 그은 후, 바다와 육지에 해당하는 칸을
　　　세어 비교한다.
　　③ 지도를 잘라 바다와 육지를 구분한 후 무게를 측정하여 비교한다.

해설

〈가〉 지도는 둥근 지구 표면을 평면으로 표현한 것으로, 아주 오래 전 항해용으로 만든 세계 지도이다. 적도를 기준으로 북쪽과 남쪽으로 갈수록 실제보다 면적이 확대되어 넓어 보인다. 예를 들어 지도상에서는 아프리카와 그린란드의 크기가 비슷해 보이지만 실제 아프리카가 그린란드보다 14배 크다. 그러나 〈가〉 지도는 세계 지도를 한눈에 볼 수 있는 장점이 있어 많이 이용된다. 〈나〉 지도는 육지의 모양과 육지와 바다의 면적을 정확하게 만든 지도이다. 하지만 바다가 갈라져 있어 육지와 바다의 관계를 알기 어렵다.

⓬ 창의성

예시답안

① 바닷물에서 소금을 빼면 담수가 플러스다.
② 비만인 사람이 살을 빼면 건강이 플러스다.
③ 아파트에서 층간 소음을 빼면 행복함이 플러스다.
④ 제품에서 과대 포장을 빼면 지구 환경에 플러스다.
⑤ 음식을 포장할 때 공기를 빼면 신선함이 플러스다.
⑥ 길거리에 떨어진 쓰레기를 빼면 깨끗함이 플러스다.
⑦ 생활 속 플라스틱 사용을 빼면 지구 환경에 플러스다.
⑧ 디젤 차량에서 요소수를 빼면 산성비 피해는 플러스다.
⑨ 소 방귀에서 메테인 가스를 빼면 지구 환경에 플러스다.
⑩ 콘센트에서 쓰지 않는 플러그를 빼면 전기 절약이 플러스다.

⑬ 사고력

모범답안

100 g중

해설

이 용수철은 길이가 10 cm이고 50 g중의 힘이 작용하면 2 cm 늘어난다. 용수철에 300 g중인 쇠구슬을 매달면 2×6=12로 12 cm 늘어나고, 용수철의 길이는 10+12=22로 22 cm가 되어야 한다. 하지만 용수철의 길이는 26 cm가 되었으므로 26-22=4로 4 cm 길이만큼의 힘은 자석이 쇠구슬에 작용한 힘이다. 따라서 자석이 쇠구슬에 작용한 힘은 50×2=100으로 100 g중이다.

⑭ 융합 사고력

모범답안

(1) 대기 중의 이산화 탄소를 줄여 지구 온난화를 막는다.

(2) ① 고래의 배설물로 식물성 플랑크톤이 증가하면 광합성을 통해 많은 양의 이산화 탄소를 저장하고, 많은 양의 산소를 배출한다.

  ② 식물성 플랑크톤은 동물성 플랑크톤이나 다른 생물의 먹이가 되어 바다 생태계를 유지시켜 준다.

해설

고래는 숨쉴 때마다 이산화 탄소를 저장하는데 일생동안 고래가 저장하는 이산화 탄소량은 무려 33톤이나 된다. 고래가 죽은 후에는 자신의 몸에 33톤의 이산화 탄소를 저장한 채로 바다 밑으로 가라앉게 되고, 몸속 이산화 탄소는 수백 년간 갇혀 있게 된다.

또한, 고래의 배설물은 식물성 플랑크톤의 성장을 돕는 인과 철이 많다. 고래의 배설물을 먹고 자란 식물성 플랑크톤은 광합성을 통해 인간이 만들어내는 이산화 탄소의 30 %를 흡수하고, 지구에 존재하는 많은 양의 산소를 배출한다. 식물성 플랑크톤의 단위 면적당 광합성 능력은 아마존 밀림의 열대우림보다 뛰어나 식물성 플랑크톤의 성장을 돕는 고래는 기후 위기를 줄이는 데 큰 역할을 하고 있다. 고래는 바다 깊은 곳에서 먹이를 먹고 해수면으로 올라와 배설을 하며, 그 배설물을 해양 먹이사슬의 가장 밑이라 할 수 있는 식물성 플랑크톤이 먹는다. 또, 식물성 플랑크톤은 동물성 플랑크톤의 먹이가 되고, 동물성 플랑크톤은 해양 생명체의 먹이가 된다. 따라서 고래는 해양 생태계의 먹이사슬에서 영양분이 순환하도록 돕고 균형을 유지하는 역할을 한다.

기출문제
정답 및 해설

좋은 책을 만드는 길, 독자님과 함께 하겠습니다.

영재성검사 창의적 문제해결력 모의고사 (초등 3~4학년)

개정7판2쇄 발행	2025년 01월 10일 (인쇄 2024년 10월 28일)
초 판 발 행	2018년 01월 05일 (인쇄 2017년 09월 14일)
발 행 인	박영일
책 임 편 집	이해욱
편 저	이상호 · 정영철 · 안쌤 영재교육연구소
편 집 진 행	이미림
표지디자인	하연주
편집디자인	채현주 · 홍영란
발 행 처	(주)시대에듀
출 판 등 록	제10-1521호
주 소	서울시 마포구 큰우물로 75 [도화동 538 성지 B/D] 9F
전 화	1600-3600
팩 스	02-701-8823
홈 페 이 지	www.sdedu.co.kr
I S B N	979-11-383-7143-8 (63400)
정 가	17,000원

영재성검사
창의적
문제해결력
모의고사

시리즈

수학 · 과학 분야 문제해결력 집중 강화
대학부설 · 교육청 영재교육원 기출문제 수록

초등
3~4
학년

영재성검사
창의적
문제해결력
모의고사

CnT 영재교육 원장 정회은 선생님

항상 믿고 보는 안쌤 교재 시리즈 중 「영재성검사 창의적 문제해결력 모의고사」는 다양한 문제와 최근 이슈까지 접할 수 있어 영재교육원 입시 준비를 하는 학생들에게 큰 도움이 될 것입니다. 명확한 채점 기준과 꼼꼼한 해설을 제시하여 현장에서 수업하는 교사들에게 신뢰도가 높은 교재입니다. 영재교육원 시험 대비뿐만 아니라 평소 창의사고력 증진을 원하는 학생들에게도 적극 추천합니다.

MSG 영재교육 원장 전진홍 선생님

수학과 과학에 흥미를 느끼게 된 학생이 제대로 된 학습 과정을 습득하고 다양한 사고의 힘을 기를 수 있는 영재교육원 진학을 위해 반드시 참고해야 할 교재입니다. 사고의 방향을 알려줌으로써 유창성과 문제해결력을 키울 수 있도록 도움을 주는 교재입니다.